U0348987

中国农业科学院科技创新工程
国家自然科技资源共享平台项目　资助

冰草属植物转基因研究

徐春波　米福贵　王勇　霍秀文　著

中国农业科学技术出版社

图书在版编目（CIP）数据

冰草属植物转基因研究 / 徐春波等著 . — 北京：中国农业科学技术出版社，2019.10
ISBN 978-7-5116-4420-6

Ⅰ.①冰… Ⅱ.①徐… Ⅲ.①冰草—转基因植物—研究 Ⅳ.① S543.03

中国版本图书馆 CIP 数据核字（2019）第 219698 号

责任编辑　李冠桥
责任校对　马广洋

出　版　者　中国农业科学技术出版社
　　　　　　北京市中关村南大街 12 号　邮编：100081
电　　　话　（010）82109705（编辑室）（010）82109702（发行部）
　　　　　　（010）82109709（读者服务部）
传　　　真　（010）82106625
网　　　址　http://www.castp.cn
经　销　者　各地新华书店
印　刷　者　北京建宏印刷有限公司
开　　　本　850mm×1 168mm　1 /32
印　　　张　4.625　彩插 8 面
字　　　数　100 千字
版　　　次　2019 年 10 月第 1 版　2019 年 10 月第 1 次印刷
定　　　价　60.00 元

内容提要

为了提高冰草的耐盐和抗旱能力，本书以冰草属植物中的4个不同品种——蒙古冰草新品系、航道冰草、诺丹冰草及扁穗冰草与沙生冰草种间杂交种"蒙农杂种冰草"的幼穗和成熟胚的愈伤组织为受体材料，通过基因枪轰击法将抗旱转录因子CBF4基因和耐盐基因P5CS转入其中，筛选后获得了转基因冰草植株，PCR、RT-PCR和Southern检测结果表明目的基因CBF4和P5CS已整合至冰草基因组中并在其转录水平表达，耐盐生理指标测定结果表明转P5CS基因冰草的耐盐性得到提高。这为下一步选育抗旱冰草新品种奠定了良好的基础。

全书共分6章，主要内容包括：冰草属植物组织培养再生体系的建立；冰草属植物基因枪转化植物表达载体构建；基因枪轰击法获得转基因冰草；转基因冰草的检测。

本书具有较强的系统性和创新性，可作为研究禾本科牧草组织培养和遗传转化等的本科生和研究生参考教材，也可供相关专业科研和教学参考。

前　言

　　牧草是草食动物的主要饲料来源，也是发展畜牧业的前提。尤其是在发展中国家，草地畜牧业生产长期以来一直处于自然放牧状态，草场退化、牧草抗逆性差等现象极为严重，极大地影响了畜牧业的发展。近年来，由于人口激增，自然植被遭到严重破坏，我国西北地区沙化日渐严重，因此，选育出一批适合当地气候条件的、抗旱性强的牧草，对于提高土地利用率，改善环境，促进草地畜牧业生产的发展等均具有重要意义。

　　植物性状的表现是其机能上一系列有关基因共同作用的结果，而传统的常规育种只是基于对育种材料表型性状观察的基础之上。如果不了解某个数量性状需要由哪些基因作用决定，不清楚对性状表现与不断维持基因共同作用的反应系统所需的环境条件，遗传育种就只能停留于初级的杂交阶段。要想获得优良的重组个体，需要在每一杂种世代成百上千的植株中加以选择。这种繁琐的、耗时费力的操作方法已经无法满足人类日益增长的对植物新品种、新类型的需求，面对育种目标的日益多样化以及可利用植物资源的逐渐贫乏，传统的常规育种技术需要完善和创新，需要与新技术、新仪器结合，以求高效、准确、快速创造或培育出高产、优质、适应性好、抗性强的优良

1

植物新品种。

近30年来，分子生物学取得了飞速发展并渗透到生命科学的各个领域，分子水平的研究使我们能够更深入了解植物生命现象的本质。DNA重组技术、分子杂交技术、细胞培养技术、基因转化技术及基因表达调控技术等应用于遗传育种，使育种方法进入了崭新的时代。1985年，Vasil在国际草原学大会上第一次提出利用遗传转化技术将其他来源的特定基因导入牧草的可行性，为应用基因工程技术改良牧草，包括提高产量和利用率，增加牧草的抗逆性等奠定了理论基础。

前几年，由于国家西部大开发战略的实施以及生态建设事业的需要，培育优质抗逆的牧草和草坪草品种日益成为研究的热点问题，因此，通过基因工程技术培育出各种优质高产的牧草新品种，对促进无污染绿色养殖业和绿色畜产品的发展，以及对我国西部地区生态环境建设都会产生深远的影响。目前，虽然牧草遗传转化技术研究刚刚起步，但取得的可喜进展使我们相信，今后它在提高牧草品质、增强对逆境的适应性等方面具有广阔的前景。

冰草属植物（Agropyron）为禾本科优良牧草，是典型的旱生植物，抗逆性强（特别是抗寒、耐旱、耐风沙），适口性好，春季返青早，青绿期长。其茎叶柔软，营养成分含量较高，是一种饲用价值较高的放牧型为主的禾草，同时可兼做作生态建设用草，适宜在西部地区大面积推广种植。

利用基因工程技术对冰草属植物进行遗传改良在国内外尚属空白，对冰草属植物组织培养再生体系的研究也较少。为了提高冰草的耐盐和抗旱能力，本研究以冰草属植物中的4个不同品种——蒙古冰草新品系、航道冰草、诺丹冰草及扁穗冰草与沙生冰草种间杂交种"蒙农杂种冰草"的幼穗和成熟胚的愈伤组织为受体材料，通过基因枪轰击法将抗旱转录因子 *CBF4* 基因和耐盐基因 *P5CS* 转入其中，筛选后获得了转基因冰草植株，PCR、RT-PCR 和 Southern 检测结果表明目的基因 *CBF4* 和 *P5CS* 已整合至冰草基因组中并在其转录水平表达，耐盐生理指标测定结果表明转 *P5CS* 基因冰草的耐盐性得到提高。这为下一步选育抗旱冰草新品种奠定了良好的基础。

本研究的主要结论如下。

1. 建立了 4 种冰草属植物两种外植体的组织培养再生体系

（1）以幼穗为外植体的最适培养基为。

愈伤组织诱导培养基：改良 MS+2,4-D 2.0 mg/L。

继代培养基：改良 MS+2,4-D 2.0 mg/L+6BA 0.2mg/ L。

分化培养基：MS+KT 3.0 mg/L+NAA 0.5 mg/L。

生根培养基为 1/2MS+NAA 0.1 mg/L，生根率 100%。

（2）以成熟胚为外植体的最适培养基为。

愈伤组织诱导：MS ＋甘露醇 0.2 mol/L ＋ 2,4-D 2.0 mg/L。

继代培养基：MS ＋甘露醇 0.2 mol/L ＋ 2,4-D 2.0 mg/L ＋ ABA 0.3 mg/L。

分化培养基：MS ＋ KT 3.0 mg/L ＋ NAA 1.0 mg/L。

生根培养基：1/2MS ＋ NAA 0.5 mg/L。

（3）幼穗长度介于 1.0~3.0cm 为最适宜取材时期。

（4）4 种冰草属植物均可以幼穗和成熟胚为外植体诱导愈伤组织并分化形成完整植株，其中幼穗和成熟胚最佳的受体材料分别是蒙农杂种冰草和蒙古冰草新品系。

（5）冰草属植物幼穗和成熟胚都可以组织培养再生成苗，但以幼穗的愈伤组织诱导率、分化率和再生率高，是用于冰草遗传转化的最佳受体材料。

2. 构建了植物表达载体 HpBPC–CBF4

（1）成功构建了含有抗旱转录因子 *CBF4* 基因、由 Ubiquitin 启动子驱动的适用于冰草基因枪共转化的植物表达载体。

（2）成功构建了含有耐盐基因 *P5CS*、由 Ubiquitin 启动子驱动的适用于冰草基因枪直接转化的植物表达载体。

（3）成功构建了含有耐盐基因 *P5CS*、由 Ubiquitin 启动子驱动的适用于冰草基因枪共转化的植物表达载体。

3. 转基因冰草的获得及检测

（1）通过基因枪轰击法将抗旱转录因子 *CBF4* 基因和耐盐基因 *P5CS* 转入冰草愈伤组织，经除草剂筛选后获得了转基因冰草植株。

（2）PCR、RT–PCR 和 Southern 检测结果表明目的基因 *CBF4* 和 *P5CS* 已整合至冰草基因组中并在其转录水平表达。遗传转化率统计结果表明，*CBF4* 基因的遗传转化率为 5.6%，*P5CS* 基因的遗传转化率为 1.4%。

（3）耐盐生理指标测定结果表明转基因植株较未转化对照植株抵抗盐胁迫的能力增强，证明 *P5CS* 基因在冰草植株体内表达并使其耐盐性得到提高。

著　者

2019 年 3 月

目　录

第一章

绪　论

第一节　国内外研究现状

一、基因转化受体系统

选择和建立良好的牧草受体系统是基因转化能否成功的关键因素之一。自 20 世纪 70 年代以来，科技工作者对牧草基因转化系统进行了大量的研究，先后建立了许多高效的受体系统，适用于不同转化方法的要求和不同的转化目的。目前用于牧草遗传转化的受体材料主要有以下几种。

1. 原生质体受体系统

原生质体是去除细胞壁后的"裸露"细胞，具有全能性，能在适宜的培养条件下诱导出再生植株。由于原生质与外界环境之间仅隔一层薄薄的细胞膜，人们可利用一些物理或化学方法改变细胞膜的通透性，使外源 DNA 进入细胞并整合到染色体上进行表达，从而实现植物基因转化。迄今已有烟草、番茄、水稻、小麦和玉米等 250 多种高等植物原生质体培养获得成功。但由原生质体再生出的植株在遗传上稳定性差，并且原生质体培养技术难度大，周期长，植株再生频率低，所以应用于植物基因转化有一定的局限性。王增裕等（1993）通过原生质体培养获得草地羊茅的再生植株。Dalton（1988）从高羊茅和多年生黑麦草的原生质体中获得了再生植株；Wang（1993）建立了草地羊茅的原生质体悬浮培养体系，产生了可育的绿色小苗。Vander（1988）建立了草地早熟禾的原生质体悬浮培养体系，但只获得了白化苗；在此基础上 Nielsen（1993）优化了草地早熟禾的原生质体再生体系，在不需看护培养的情况下，延长了具有再生能力原生质体的培养时间（可达 10~16 个月），从而省去了大量制备原生质体的工作。

2. 愈伤组织受体系统

外植体经组织培养所产生的愈伤组织，是植物基因转化常用的受体系统之一。牧草愈伤组织所用的外植体主要来源于幼穗、成熟胚、幼胚、芽尖分生组织、基生叶等。胚性愈伤组织是谷类作物和牧草离体培养中最基本的再生组织。已有不少研究通过对高羊茅和紫羊茅多种外植体的诱导获得了愈伤组织并再生成株。这些外植体包括成熟种子或成熟胚、幼胚、幼穗以及花梗组织等。朱根发等的研究表明，从草地早熟禾幼穗中可以诱导出胚性愈伤组织。马忠华、张云芳等以早熟禾成熟种子为外植体，通过基因枪介导法初步建立了早熟禾的基因转化体系。也有人从新麦草幼穗中获得较高的愈伤组织诱导率和分化率，植株再生率可达 80% 以上。危晓薇等对紫花苜蓿无菌苗子叶和下胚轴进行离体培养，所产生的愈伤组织可在原诱导培养基上直接分化出芽，其中下胚轴愈伤组织的平均诱导频率、分化频率均高于子叶。李立会（1992）获得了以幼穗为外植体的冰草与小麦杂交种的再生植株，Gyulai 等报道了冰草属植物杂交种的植株再生，金洪等（1998）报道以成熟胚为外植体诱导诺丹冰草不定芽的形成，但未获得再生植株。

3.悬浮细胞受体系统

由于愈伤组织不便开展遗传转化的研究，研究者开始采用胚性细胞悬浮培养。该培养过程较繁琐，包括外植体（种子、茎尖或根尖）诱导愈伤组织、愈伤组织液体悬浮培养、滤膜过滤、胚性悬浮细胞固体培养、再生植株等过程。研究人员分别以多年生黑麦草、剪股颖和高羊茅的胚性悬浮细胞系作为转化受体进行转基因研究。Van der Mass 等转化多年生黑麦草悬浮细胞受体时，发现所获得抗性愈伤系经过长期继代培养（6~12 个月）后，gus 基因约 40% 表达，但表达不稳定。加拿大披碱草、新麦草、紫狼尾草等牧草都有过悬浮细胞培养的研究。王增裕等（1994）成功获得了高羊茅和多花黑麦草胚性悬浮细胞。Zaghmout（1989）建立了紫羊茅的胚性细胞悬浮培养体系。

4.直接分化芽受体系统

直接分化芽是指外植体细胞以组织培养，越过愈伤组织阶段而直接分化形成的不定芽。现已建立了一些植物由叶片、幼茎、子叶、胚轴和茎尖分生组织等外植体诱导形成再生芽的再生系统。刘公社等（2004）以大赖草、欧滨麦、野麦、窄颖赖草、赖草和羊草为材料，在离体培养条件下对幼胚的发育进行了研究。结果表明，6 种赖草属植物的幼胚在不含任何激素的培养基上能够直接发育成完整小植株。白三叶许多转化体系都采用成熟种子的子叶作转化受体。

由上述可见，受体系统的建立主要依赖于植物细胞及组织培养技术。禾本科牧草的组织培养是在植物组织培养技术达到成熟阶段（20 世纪 60 年代末期）才逐渐开展起来。目前，禾本科牧草的组织培养已初步建立了一套比较完整的技术并正在向纵深发展：首先是扩大禾本科牧草中有重要经济价值植物（包括野生种植物）的开发和利用；其次是与基因转移技术联系起来，进行植物基因工程研究，如细胞器移植、外源 DNA导入等。但是相对于豆科牧草再生体系建立已经成熟，禾本科牧草再生体系建立的研究仍需要继续努力。植物体外再生技术（包括器官发生和体胚发生）是生物技术研究的前提，主要是利用植物细胞的全能性，通过随机的体细胞无性系变异而产生植物的遗传变异，最终或用于直接的遗传转化，或进行一些优良物种的扩繁。从单个细胞有效地再生出正常可育的植株是植物分子遗传改良的一个基本问题，但是这一点对禾本科牧草来说是相当困难的，可以通过利用成熟胚和幼穗、幼胚等作为外植体在一定程度上得以克服。

二、基因转化方法

自首株转基因植物诞生以来，基因转化方法一直是转基因植物研究工作的重点。转化方法也称转基因技术，通过人工操作的方式将外源目的基因导入受体并且在之后的繁殖中能将此基因稳定的遗传给后代的一种技术手段。基因转化方法千差万别，随着转基因技术的发展，用于外源基因的遗传转化方法越来越多，大体可分成两类：一是农杆菌介导遗传转化法；二是外源基因直接导入法，如基因枪法、PEG 介导法、电击法、激光微束穿刺法、显微注射法、花粉管通道法和硅碳纤维介导法等。目前应用于牧草基因转化的方法主要有以下几种：电击法、PEG 介导法、基因枪法、花粉管通道法、硅碳纤维介导法和农杆菌介导法等。

1. 电击法和 PEG 介导法

电击法就是利用短时高压脉冲电处理，导致细胞膜上出现短暂可逆性小孔（瞬间通道），为外源 DNA 分子进入原生质体提供了通道，从而使外源 DNA 进入原生质体中。此种通道形成的数量和大小与电场强度有关，它也影响到进入原生质体内的 DNA 数量。在电脉冲转移外源 DNA 的过程中，不同植物种或品种以及不同组织来源的原生质体对电击参数具有专一性。1980 年后，由于采用了胚性细胞悬浮系或胚性愈伤组织来制备原生质体，各种草类原生质体培养及再生植株相继成功，使得 DNA 直接转移导入原生质体的转化技术成功地应用于牧草和草坪草的遗传转化。利用原生质体转化系统，已相继获得了高羊茅、紫羊茅、匍匐翦股颖、多年生黑麦草和一年生黑麦草的转基因植株。Asano（1994）报道了电击融合法介导的 Agrostis palustris Huds 直接基因转化进展。Ha 等（1992）采用电渗透法，将质粒 pZO1052 转化高羊茅的原生质体，用 200mg/L 潮霉素筛选抗性转化子，得到（3~9）×（6~10）的转化频率。经 Southern 杂交分析，证明潮霉素抗性基因 hpt 已整合到转基因植物的基因组中，而且他认为看护培养是必需的。Asano（1997）用电击融合获得了抗除草剂的转基因 Agrostis palustris Huds. 植株。通过用 Ca（NO₃）₂ 替代 CaCl₂，并将电击缓冲液 pH 值提高到 9~10，能有效地提高转化效率（2 倍）。

PEG（聚乙二醇）介导法由 Krens 等首先建立，其主要原理是借助细胞融合剂诱导原生质体摄取外源 DNA。PEG 介导法操作简单、处理量大、融合频率高，且不影响再生，基本上已克服了再生植株嵌合体的发生，也不需要昂贵的仪器设备。Inokuma（1998）用 PEG 法获得了结缕草的抗潮霉素的植株，并用 PCR 和 Southern 杂交进行了检验，用 Adh1 作为启动子的 GUS 基因得到了高效表达，其愈伤组织起源于茎尖顶端分生组织。

但是，这 2 种转化方法需要进行长时间的原生质体培养和处理，无法把握其处理效果，建立原生质体的再生植物系统较困难，转化效率亦低，常常形成多元原生质体融合体，从原生质体再生的无性系体细胞变异较大，限制了它们的应用。

2. 基因枪法

基因枪法是将外源 DNA 或 RNA 吸附于金粉或钨粉颗粒上，经动力加速，使之穿过转化受体的细胞壁，最终使外源基因整合到植物基因组中的方法。基因枪转化法的最大优点在于可转化多种组织或器官，转化受体可以是胚性悬浮细胞、愈伤组织、未成熟胚、分生组织，也可以是花粉、茎尖等；同时，基因枪转化法避免了原生质体作为受体而产生的再生分化的困难，而且操作简便，对组织培养方面要求的技术相对较少。但基因枪转化频率较低，且插入的外源基因多为多拷贝，易导致基因沉默，使该遗传转化方法存在高投入低产出的弊端。目前，禾本科牧草的遗传转化多采用基因枪法。Heleen（1994）用基因枪法获得了多年生黑麦草稳定的转基因植株（GUS 基因能长期表达）。Wang（1997）用基因枪法获得了抗卡那霉素的多年生黑麦草和一年生黑麦草植株，但转基因植株是二倍体还是四倍体没有说明。马忠华（1999）用基因枪法建立了转化体系。Cho M J（2000）等建立了十分有效的紫羊茅和高羊茅愈伤组织诱导和再生方法，并用基因枪法将 *hpt*、*bar* 和 *gusA* 基因进行共转化（co-transformation），获得了较高的共表达（co-expression）频率。

3. 花粉管通道法

花粉管通道法是利用生殖细胞（花粉）作为载体，结合超声波处理介导外源基因转化的方法，该方法于 20 世纪 80 年代初期由我国学者周光宇提出。花粉管通道法导入外源基因主要方式有花粉粒携带法、柱头滴加法、胚囊微注射法及生殖细胞浸泡法等。该法的最大优点是不依赖组织培养人工再生植株，技术简单，不需要装备精良的实验室，常规育种工作者易于掌握。然而，花粉管通道法也存在较为突出的缺点，如明显受植物花期影响，对自然条件、环境条件、技术成熟度等依赖性强；可重复性较差，对某些农作物难以操作；转化率较低，转化植株后代的外源基因遗传稳定性不高。花粉管通道法从创立至今，已在水稻、棉花、小麦、烟草、番茄等 60 多种植物上得到开发和利用。此方法应用到牧草基因转化研究较少，只在紫花苜蓿上有报道。张立全等（2011）利用花粉管通道法将盐生植物红树总 DNA 导入紫花苜蓿，共导入 1 391 朵花，获得 894 粒 T0 代转化种子。T0 代种子种植在含有 225mmol/L NaCl 的 MS 培养基上，获得 12 株耐盐性强的植株。

4. 硅碳纤维介导法

Kaeppler 等（1990，1992）建立了硅碳纤维旋涡介导的植物细胞遗传转化。将质粒 DNA 和长 10~80μm、半径 0.6μm

的硅碳纤维混入悬浮培养细胞，然后进行旋涡处理，硅碳纤维起显微注射针的作用，使 DNA 导入细胞核。最近，Dalton 等（1998）成功地建立了硅碳纤维旋涡介导的转化多花黑麦草、多年生黑麦草、高羊茅悬浮细胞技术，得到了转基因植物。GUS 基因瞬时表达分析表明，表达频率达 20%~40%；Southern blot、RT-PCR 等分子检测表明，转基因植物已整合了外源基因并得到表达。但是目前在牧草上采用硅碳纤维旋涡介导的基因转化的报道还很少。

5. 农杆菌介导法

农杆菌是一种天然的植物遗传转化体系是植物特有的转基因方法，它的质粒中含有一段 T-DNA，农杆菌可以通过侵染及注射的方法进入植物的分生组织或生殖器官后将其本身的 T-DNA 转移到植物基因组中，因此，可将目的基因插入到经过改造的 T-DNA 区，借用农杆菌的感染实现外源基因向植物细胞的转移和整合，然后利用细胞及组织培养的方法培育出转基因植株，并通过抗生素筛选和分子检测鉴定转基因植株后代。其优点是转化受体材料广泛，操作简单；成本低；效率高，转育周期短；重复性好，稳定性好；基因沉默现象少；一次转化能产生较大可能的单拷贝基因插入，有利于外源基因的表达等。缺点是 T-DNA 可以在有染色体的任何区域插入有可能导致目的基因的插入失活。长期以来的观点认为，单子叶植物不是农杆菌的天然寄主，不能产生合适的感受态细胞，因而不能被农杆菌转化，但因为其成本低、转化率高，并且可以有效避免基因沉默，所以在单子叶植物的基因工程中也是广泛使用的一种方法。这方面的研究近年来取得了较大进展，已成功获得了转基因玉米、水稻（Oryza sativa）和小麦等单子叶植物。Liang C M（2000）在韩国用 A. tumefaciens LBA4404 介导结缕草（Zoysia japonica）胚性愈伤组织，供遗传转化的基因有 hpt 基因、bar 基因、GFP（绿荧光蛋白基因）及 GUS 基因，获得了具有潮霉素磷酸转移酶（HPT）和葡萄糖苷酸酶（GUS）基因共整合的瞬时表达转基因再生植株，是世界上首例用农杆菌介导法获得草坪草转基因成功的报道。Liang C M（2000）通过 A.tumefaciens LBA4404 介导结缕草（Zoysia japonica）胚性愈伤组织，将外源基因 hph、bar、gfp 及 gus 导入受体，获得了具有 hph 和 gus 基因共整合的瞬时表达转基因再生植株。

综上所述，迄今为止植物转基因方法主要分为两大类：无转化载体引导的裸露 DNA 的直接转化和农杆菌介导的间接转化。裸露 DNA 直接转化的优点在于没有宿主的限制，因此在许多重要的农作物中成功地获得了转基因植株，但如前文所述，该方法转化的 DNA 重组率很高，往往会导致转基因复杂得多拷贝整合方式，引起基因内丢失或基因沉默，严重影响了它的应用。相反，农杆菌介导的转化得到单拷贝和低拷贝整合的外源 DNA，但受到宿主的限制。有人提出，一项实用的转化体系必需满足以下标准：一是转化率高而且简便、易重复。二是能精密地转化大片段的外源 DNA。三是转基因是单拷贝或低拷贝整合。四是能预先确定转基因在染色体上的整合位点。五是没有宿主的限制性。所以为了推进转基因技术在作物遗传改良上的应用，人们正探索满足上述标准的转基因新方法。例如，结合农杆菌与基因枪法的"Agrolistic"法，通过微弹造成的微孔来帮助农杆菌附着及其所含的质粒向受体细胞的转移，可不同程度地提高农杆菌转化植物的有效性。超声波辅助的农杆菌介导法（SAT），是通过超声波在受体细胞上产生的微孔来帮助农杆菌附着及其所含的质粒向受体细胞的转移，使外源基因在小麦受体细胞的瞬时表达强度相对纯农杆菌法有较大提高。此外，还有结合农杆菌与病毒的"Agrcinfection"法等。这些方法虽然还不成熟，但在牧草基因转导方面具有很大的潜力，在牧草基因转化中展现了广阔的应用前景。

三、报告基因及选择标记基因

报告基因是一种指示基因，用于检测嵌合基因在转化细胞中的功能。报告基因一般编码一个特殊的酶，可用普通的生化方法进行检测。目前报告基因主要有 *Gus* 基因（1,3-葡萄糖甘酸酶基因）、*Cat* 基因（氯霉素乙酰转移酶基因）、*Luc* 基因（荧光素酶基因）及玉米中的 *R* 基因等。*R* 基因用作玉米花青素合成的报告基因，检测时不需加底物，合成的色素清晰可见，适用于玉米的基因转化。*Gus* 基因运用较为广泛，*Gus* 在底物 S- 溴 -4- 氯 -3- 吲哚 - 葡糖甘酸存在时产生蓝色反应。

用组织化学和荧光的方法很容易鉴定多种抗性基因。选择标记用于筛选外源基因稳定整合及表达的转化细胞，在培养基中加入抗生素或除草剂，抑制非转化细胞的生长，筛选转化体。常用的抗生素基因：主要有抗潮霉素基因 *HPT*，抗卡那霉素基因 *NPTII* 等；抗除草剂基因：*Bar* 基因、*ALS* 基因等；抗虫基因：*Bt* 基因等。

四、牧草非生物胁迫基因工程研究现状

牧草受到的非生物胁迫主要包括干旱、寒冷、盐碱、酸土等方面。温度和降水量是限制植物地理分布及生物产量的重要环境因素。同时，干旱、盐碱和低温也是危害农业生产的主要自然灾害。与农作物相比，牧草大多种植在生长条件相对恶劣的环境下，因此，培育具有某一或多个抗逆性的牧草品种，对改良牧草特性，扩大种植面积具有重要作用。到目前为止，科研工作者已经对渗透物质合成、编码水分胁迫相关蛋白、细胞抗氧化酶类等基因的抗逆性进行了大量的研究，并通过转化不同的牧草获得了一批转基因材料。但由于植物对非生物胁迫的耐性是受多基因控制的数量性状，比抗病性更复杂，目前用基因工程技术改良牧草非生物胁迫的研究还很有限。

1. 抗寒、抗旱性

低温和干旱是限制牧草种植的重要影响因素。1993 年 Mckersie 等第一次将烟草的 Mn-SOD（抗过氧化物产物）基因转入苜蓿，使转基因苜蓿中 SOD 酶活性增加，并发现植株受到冻害后能迅速恢复。1999 年，Devereaux 将 Mn-SOD 和 bar 基因利用基因枪轰击法导入多花黑麦草的愈伤组织，得到的植株经检测其耐寒能力明显提高。吴关庭等（2005）通过农杆菌介导法将耐逆基因 *CBF1* 导入高羊茅，获得了 112 株转基因植株，经低温、干旱等逆境胁迫处理后的叶片相对电导率平均较对照植株低 25%~30%，证明转基因植株的耐逆性有所增强。郝凤等（2009）和刘晓静等（2009）分别将抗冻蛋白基因 *AFP* 和抗冻基因 *CBF2* 转入和田苜蓿中，都得到了转基因苜

蓿植株，但没进行抗寒性鉴定。杨凤萍等（2006）利用基因枪法将抗逆调节转录因子 *DREB1B* 基因转入多年生黑麦草，获得了 62 株转基因植株，经过 25 d 的人工温室的干旱处理，对照都已因缺水干旱死亡，但转基因植株有 5 棵植株仍存活。贾炜珑等（2007）用基因枪法将海藻糖合酶基因（*TPS* 基因）转入多年生黑麦草，对获得的转基因植株进行抗旱性鉴定表明，转基因黑麦草在干旱胁迫条件下的保水能力增强，电解质渗出率明显低于对照，耐旱性提高。王渭霞等（2006）将 *CBF1* 基因转入匍匐翦股颖中，断水处理 5d 后，对照植株颜色失绿变暗，并逐渐死亡，而大部分转基因植株生长基本未受影响。李志亮等（2012）利用基因枪法将 *P5CS* 基因转入白三叶，PCR检测和 Southern blot 鉴定证实白三叶中已导入目的基因。对转基因白三叶植株的不同抗旱指标进行了分析。发现与对照相比，转 *P5CS* 基因株系的抗旱能力得到了较大的提高。在干旱胁迫下，与对照相比，转 *P5CS* 基因植株的脯氨酸含量和相对含水量分别比对照高 20.0%~21.2% 和 5.6%~8.5%。唐立郦等（2012）利用 *GsZFP1* 基因具有耐干旱的特性，将其通过农杆菌介导法转化农菁 1 号苜蓿，获得了转基因苜蓿。聂利珍等（2012）为获得抗旱性较强的转基因苜蓿植株，将沙冬青脱水素基因（*AmDHN*）转化到中苜 2 号中。试验共获得 126 株 T0抗性株，PCR 检测 30 株为阳性，表明脱水素基因已转入受体植株中。但转基因对干旱的适应能力如何，还在研究当中。

2. 耐盐碱性

土壤盐渍化是影响我国干旱及半干旱地区牧草产量的主要非生物因子之一，解决盐害的有效途径是培育耐盐的牧草新材料和新品种以提高盐土的利用效率。Meyer 等（2000）在建立了草地早熟禾诱导愈伤组织和高效再生系统后，将 *BADH* 基因用基因枪法转化草地早熟禾愈伤组织，以潮霉素筛选后，得到的转基因植物提高了抗盐性。陈传芳等（2004）通过农杆菌介导法转化山菠菜、甜菜碱醛脱氢酶（*BADH*）基因成功获得白三叶转化植株，耐盐实验证明转基因植株能够在含有 0.5%NaCl 的水溶液中正常生长 2 周以上，而对照植株呈现不正常生长状态，表明转基因白三叶耐盐能力增强。赵桂琴等（2008）将液胞膜逆向转运蛋白（*AtNHX1*）基因转入白三叶，耐盐实验结果表明转因植株总叶面积和地上部分干重都显著高于非转基因对照，证明液胞膜上的 *AtNHX1* 基因有助于提高白三叶耐盐性。赵宇玮等（2008）用农杆菌介导法将 *AtNHX1* 基因导入豆科牧草草木樨状黄芪中，共获得 103 株 Kan 抗性再生植株。野生型和转基因株系诱发的愈伤组织进行耐盐生长实验，结果显示在相同盐胁迫条件下，转基因愈伤组织的相对生长率显著高于野生型愈伤组织。施加梯度 NaCl 胁迫后，植株叶片 K^+，Na^+ 含量和叶片相对电导率测定结果显示，转基因植物叶片比野生型积累更多的 Na^+ 和 K^+，维持较高的 K^+/Na^+；而转基因株系叶片相对电导率显著低于野生型。说明 *AtNHX1* 基因的导入和表达在提高草木樨状黄芪耐盐性的同时减轻了盐胁迫对植物细胞膜的伤害。曲同宝等（2009）通过基因枪技术将胆碱单氧化物酶（*CMO*）基因和甜菜碱醛脱氢酶（*BADH*）基因导入羊草中，PCR 扩增后电泳检测及 Southern 杂交分析表明，外源基因已整合到受体植物基因组中并正常表达。在高浓度混合盐和高 pH 值胁迫下，转双基因植株甜菜碱含量高于对照植株。刘艳芝等（2008）用农杆菌介导法将 *HAL*1 基因转化龙牧 803 苜蓿，共获得了 11 株转基因植株。培养基耐盐性实验表明非转基因植株在 NaCl 浓度高于 0.6% 时不能生根，逐渐死亡；转基因植株在 NaCl 浓度 0.6%~1.0% 范围内仍能生根并正常生长。燕丽萍等（2011）以通过农杆菌介导技术获得的 T0 代转 *BADH* 基因苜蓿为试材，利用分子生物学方法对其自交株系的世代群体连续进行抗盐性鉴定筛选和系统选育，首次获得了具有抗盐碱能力的转基因苜蓿稳定株系。同时，通过品种比较实验、区域实验和生产实验，表明在不同盐碱地条件下，转 *BADH* 基因的苜蓿植株产草量明显高于对照（未转基因的中苜 1 号），生产实验的干草增产率介于13.11%~24.98%。可望培育出耐盐转基因苜蓿新品种。

3. 耐酸性

牧草在酸性土壤中生长不良，主要原因是酸性土壤中可溶性铝的含量较高。Al^{3+} 进入牧草根部后可抑制根的生长和发育，进一步影响营养物质和水的吸收，导致减产。罗小英等（2004）通过农杆菌介导的遗传转化法将苜蓿根瘤型苹果酸脱氢酶（neMDH）导入苜蓿胚性愈伤组织，筛选的转化植株在 20 μmol/L Al^{3+} 溶液中处理 24h 后根部的伸长量比对照植株提高 3.6%~22.5%，该试验表明在铝胁迫下过量表达 MDH 的转基因苜蓿能够更好的生长。刘洋（2004）将从棉花中克隆的铝诱导蛋白基因（*GhAlin*）转入苜蓿，转基因株系在 25 μmol/L Al^{3+} 处理 7d 后，根的相对生长量明显高于对照，侧根发育明显，根尖伸长区根毛明显多于对照。

五、*P5CS* 基因概况

P5CS 基因（Δ1- 吡咯啉 -5- 羧基合成酶基因）是脯氨酸生物合成最后一步的关键酶，同时也是植物在遭受胁迫时脯氨酸合成的限速酶。它具有谷氨酰 - γ - 半醛脱氨酶（GSADH）和谷氨酸激酶（γ -GK）活性的双功能酶，既能催化谷氨酸磷酸化生成谷氨酸半醛，又能使谷氨酸半醛还原。鸟氨酸和谷氨酸途径是植物中脯氨酸生物合成的两条途径，分别以鸟氨酸和谷氨酸为合成底物。在氮素缺乏和渗透胁迫条件下，脯氨酸合成的主要途径是谷氨酸途径（图 1-1）。近年来，*P5CS* 基因对提高植物耐盐能力在抗逆基因工程上的应用不断得到研究探讨与证实，这些研究应用将为耐盐植物能够真正运用于大田生产奠定坚实的基础。支立峰等（2005）成功将豆科植物 *P5CS* 基因转入水稻，在受 250 mmol/L NaCl 胁迫后，发现转 *P5CS* 基因后水稻细胞脯氨酸含量明显提高，且耐盐性比野生型水稻细胞强。Gleeson 等（2005）将豇豆的 *P5CS* 基因转入落叶松基因组中，通过对转基因植株胚和针叶进行脯氨酸含量测定，结果表明，转基因植株组织中脯氨酸含量比非转基因植株高 30 倍左右，在 200mmol/L NaCl，转基因植株的相对生长率显著高于非转基因植株。Karthikeyan 等（2011）将豇豆 *P5CS* 基因转入籼稻中，通过 Southern blot 证实外源基因已插入到转基因籼稻植株基因组中，插入拷贝数在 1~3 个；在 200 mmol/L NaCl 胁迫下，非转基因植株生长 10 d 后死亡，而转基因植株能够正常生长，并在 4 周后正常开花结实，且 T1 代植株按照孟德尔分离法则遗传了 *P5CS* 基因。

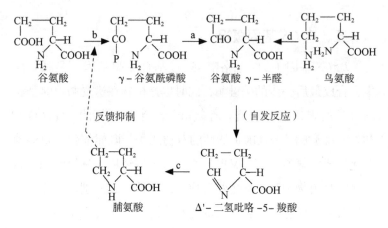

图1-1　脯氨酸生物合成途径

六、*CBF4* 基因概况

CBF4 基因是 Volker Haake, Daniel Cook 等（2002）从拟南芥中分离的 *CBF* 家族的又一成员，是抗旱转录因子。它与 *CBF1*、*CBF2* 和 *CBF*3 相同，都具有保守的 AP2 区域，但又与它们不同，*CBF4* 基因的表达不受低温诱导，而是受干旱诱导。对 *CBF4* 的结构进一步分析后发现，*CBF4* 编码的蛋白与 *CBF1*、*CBF2*、*CBF3* 编码的蛋白高度同源，特别是 AP2/ERF DNA 结合域同源性达到 91%~94%（图 1-2）。Haake V 等研究表明 *CBF4* 基因在拟南芥中超表达可提高拟南芥的抗旱和抗冻能力。杨东歌等利用基因枪转化法将 *CBF4* 基因导入玉米，经 PCR 等检测表明，外源目的基因已成功整合到部分转基因玉米株系的基因组中。进一步进行抗旱生理检测表明，转基因株系较对照株系的脯氨酸含量和叶绿素含量提高一倍，说明转基因株系的抗旱性得到提高。

16

植物的耐逆性属于复杂的数量性状，是多种耐逆机制共同作用的结果。用单一的功能基因转化植物，虽能使转基因后代的耐冷性、耐旱性或耐盐性得到提高，但效果并不十分理想。*CBF* 转录激活因子的发现则为基因工程改良植物耐逆性提供了一种全新的技术途径。

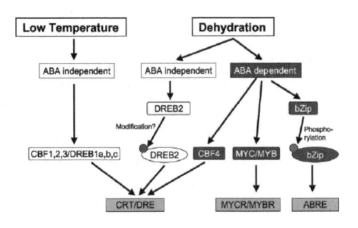

图 1-2 干旱胁迫和冷诱导的 *CBF* 基因表达调控

七、牧草基因工程存在的问题与展望

牧草遗传转化的实用化有待解决 3 个主要问题：一是建立牧草的高效转基因体系，特别是不依赖于基因型的遗传转化技术，以便在任何一个品种上都能转基因成功。这仍然是目前牧草转基因研究中的关键问题之一；二是如何提高外源基因的表达水平。这势必要涉及基因的定点整合，转录和翻译水平的提高，mRNA 的稳定性，以及基因的定时、空表达及其调控等问题；三是同其他转基因作物一样，转基因牧草向大田释放具风险性，主要表现在转基因牧草与杂草竞争的问题上。

现代生物技术在近20多年取得了突飞猛进的发展，已广泛应用于包括牧草、草坪草在内的作物品种的改良。利用现代生物技术尝试将具有特殊性状的外源目的基因有目的、有针对性地导入特定品种的愈伤组织或原生质体，以获得改良的转基因植物，提高牧草、草坪草的抗逆性，已成为草业科学的研究前沿。转基因技术正在使人类实现引发生物定向变异的夙愿，就目前的技术水平来看，转基因技术在牧草育种上的应用才刚刚开始，要使其变为有效实用的育种手段，还有许多工作要做。所以，为了更好地利用转基因技术，理想的转化系统应当是高效、简单易行、无基因依赖性、重复性好和便于推广利用的。除完善转化系统外，还要加强控制重要农艺性状的基因的分离克隆，外源基因对牧草品种抗逆性，改良品质和抗病虫等方面的影响要深入研究；如何保持转基因牧草后代的抗性和安全性也是目前科学家们关注的问题。尽管如此，转基因技术对牧草育种潜在的巨大推动作用，近几年渐显端倪，这要求育种工作者同生物技术专家们通力合作，努力奋斗。相信不久的将来转基因牧草会在生产上发挥作用。

第二节　研究的目的和意义

我国西北部地区干旱少雨，土壤沙化盐渍化现象严重，干旱区面积约占国土面积的 58.6%，改善西部生态环境的重点是恢复林草植被，防止水土流失，加快生态环境保护和建设。当前西北地区牧草生产存在的主要问题是可利用的优良牧草品种较少，品种更新慢，有些地方生产用种都是一些老品种，甚至是未经改良的草种。如何在短期内培育出适合于我国西北部地区栽培的抗干旱、耐盐碱的牧草新品种，是摆在育种工作者面前的重大研究课题。

由于大多数牧草生育周期较长，性状遗传较为复杂，用常规育种方法培育新品种难度较大，造成了我国牧草品种数量少、品质差，而且抗逆性水平较低。如何在短时间内培育出适合我国不同地域的高产、优质、抗逆性及抗病虫害特性优异的新品种便成为牧草育种一个急待解决的问题，而飞速发展的分子生物学及基因工程技术是解决这一问题的有效途径。通过基因工程手段引入不同牧草中，打破了物种之间杂交不亲和的界限，具有高效性和针对性，可弥补常规育种技术的不足，缩短育种周期，可加速选育出优质、抗逆的转基因牧草新品种，满足我国西北地区生态建设和畜牧业生产的需求。

冰草属植物为禾本科优良牧草，是典型的旱生植物，抗逆性强（特别是抗寒、耐旱、耐风沙），适口性好，春季返青早，青绿期长。其茎叶柔软，营养成分含量较高，是一种饲用价值较高的放牧型为主的禾草，同时可兼做作生态建设用草，适宜在西部地区大面积种植推广。

利用基因工程技术对冰草属植物进行遗传改良在国内外尚属空白，对冰草属植物组织培养再生体系的研究也较少。李立会（1992）获得了以幼穗为外植体的冰草与小麦杂交种的再生植株，Gyulai 等报道了冰草属植物杂交种的植株再生，金洪等（1998）报道以成熟胚为外植体诱导诺丹冰草不定芽的形成，但未获得再生植株。为加快冰草属植物种质改良进程，培育更为优良的冰草品种，本研究在以冰草属植物中的四个不同品种——蒙古冰草新品系、航道冰草、诺丹冰草，及扁穗冰草与沙生冰草种间杂交种"蒙农杂种冰草"为材料，建立了冰草组织培养再生植株体系。在此基础上，利用基因枪轰击法将耐盐基因 *P5CS* 和抗旱转录因子 *CBF4* 基因转入其中，获得转基因植株，为培育耐旱冰草新品种提供了新种质材料。

第二章

冰草属植物组织培养再生体系的建立

第一节　以幼穗为外植体的冰草属植物组织培养再生体系的建立

一、材料与方法

1. 实验材料

实验选用的 4 份材料为蒙古冰草新品系、蒙农杂种冰草、航道冰草和诺丹冰草，均取自于内蒙古农业大学牧草种质资源圃，生育期为 2~5 年。取其孕穗期幼穗。

2. 培养基

（1）MS 基本培养基。

1/2MS 培养基：MS 基本培养基大量元素减半，其余不变。

（2）改良 MS 培养基（单位：mg/L）。

大量元素：NH_4NO_3 956，KH_2PO_4 1 160，$MgSO_4 \cdot 7H_2O$ 370，$CaCl_2 \cdot 2H_2O$。

有机元素：肌醇 100，维生素 B_{12}，烟酸 1，维生素 B_6 0.5，甘氨酸 2。

（3）铁盐和微量元素同 MS 基本培养基。

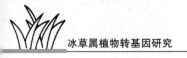

（4）愈伤组织诱导培养基（单位：mg/L）。

Y：改良 MS+2,4-D 2.0

（5）愈伤组织继代培养基（单位：mg/L）。

J1：改良 MS+2,4-D 2.0+6-BA 0.1

J2：改良 MS+2,4-D 2.0+6-BA 0.2

J3：改良 MS+2,4-D 2.0+6-BA 0.4

（6）愈伤组织分化培养基（单位：mg/L）。

F1：MS+KT 1.0	F5：MS+KT 1.0+NAA 0.5
F2：MS+KT 3.0	F6：MS+KT 3.0+NAA 0.5
F3：MS+KT 5.0	F7：MS+KT 5.0+NAA 1.0
F4：MS+KT 10.0	F8：MS+KT 10.0+NAA 1.0

（7）生根培养基（单位：mg/L）。

1/2MS+NAA 0.1

以上培养基中均加蔗糖 3%，琼脂 0.7%；pH=5.8~6.0；117℃，17min 下高压灭菌。

3. 外植体的处理及愈伤组织诱导

取幼穗（大小不等）（图 2-1），在超净台上用经 75% 的酒精中浸泡过的脱脂棉球擦洗包裹幼穗的叶鞘进行表面消毒，然后将幼穗剥出，切成 0.2~0.3cm 的小段，接种在愈伤组织诱导培养基中。24~26℃暗培养 21d。观察愈伤组织诱导率（诱导出愈伤组织外植体数 / 接种的外植体数）和质量。

4. 愈伤组织继代培养

经 21d 暗培养后，将诱导出的愈伤组织转到继代培养基上，继代 2 次，继代间隔为 20d。培养条件为 24~26℃暗培养。

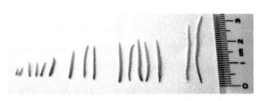

图 2-1　冰草幼穗大小

5．愈伤组织分化培养

挑选状态较好的胚性愈伤组织转入分化培养基。26 ℃下 24h 光照培养，每隔约 21d 在相同培养基上继代一次，35~42d 后统计愈伤组织分化情况。

6．植株再生

分化出绿芽的小苗在 7~14d 内迅速生长为小植株，并伴有纤细的根状物，待小苗长到 3~4cm 时转入生根培养基中一周后便产生根，形成完整小植株。

7．植株移栽

（1）先打开瓶盖，加入自来水浸泡 8h 以上。

（2）取营养土与蛭石按 1∶1 混合经高压灭菌后装入花盆。

（3）从培养基中取出小植株，冲洗培养基，栽入花盆中，浇水。

（4）放入温室，套上带孔的塑料膜，以利通风保湿。一周后取掉塑料膜，常规管理。

（5）待条件合适，移栽在田间，常规管理。

二、结果与分析

1.愈伤组织的诱导培养

本试验探讨了基因型和幼穗大小对愈伤组织诱导的影响。

（1）不同基因型对愈伤组织诱导的影响。将 4 个品种的冰草幼穗接种于愈伤组织诱导培养基（Y）上，暗培养 21 d 后统计愈伤组织诱导率及愈伤组织状态（表 2-1）。从表 2-1 中可以看出，不同品种的冰草幼穗在相同的诱导培养基上均能产生愈伤组织，开始出现愈伤组织时间和愈伤组织形成天数相差不大，但是出愈率和愈伤状态存在着较大差异，蒙农杂种冰草愈伤组织诱导率明显高于其他 3 个品种 13%~23%；诺丹冰草愈伤组织诱导率最低，只有 67.5%。另外，从 4 个冰草品种形成的愈伤组织状态来看，蒙农杂种冰草愈伤组织状态最佳，其结构紧实、致密，而其他品种愈伤组织大多为白色透明状，松软（图 2-2）。

表 2-1 冰草基因型对幼穗愈伤组织诱导的影响

品种	接种数（个）	开始出愈时间（d）	愈伤组织形成天数（d）	愈伤组织数（块）	愈伤组织诱导率（%）	愈伤组织状态
航道	400	8	21	307	76.8	白色，松软
诺丹	400	8	20	270	67.5	白色，松软
蒙古	400	7	18	310	77.5	白色，较紧实
蒙农杂种	400	7	18	364	90.1	淡黄色，紧实

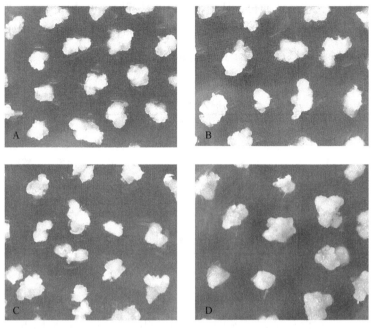

A—航道冰草幼穗愈伤组织；　B—诺丹冰草幼穗愈伤组织；
C—蒙古冰草幼穗愈伤组织；　D—蒙农杂种冰草幼穗愈伤组织。

图 2-2　4 种基因型冰草的幼穗愈伤组织

（2）取材大小对愈伤组织诱导的影响。以蒙农杂种冰草为例，取其不同长度的幼穗接种于愈伤组织诱导培养基上，暗培养 21d 后统计愈伤组织诱导率及愈伤组织状态（表 2-2）。通过表 2-2 可知，长度小于 1.0cm 的幼穗出现愈伤和形成愈伤的时间最早，但愈伤诱导率低，仅有 30% 的外植体产生白色较致密愈伤组织。在 1.0~3.0cm 长的幼穗中，穗轴膨大，伸长，幼穗的各部位均可诱导出白色致密的愈伤组织，诱导率分别达到 86% 和 92%。大于 3.0cm 的幼穗，穗轴伸长明显，小穗长大，芒继续伸长，从穗轴和颖的基部同样可诱导出白色致密愈伤组织，但诱导只有 60%。本研究的结果表明以冰草幼穗为外植体诱导愈伤时 1~3cm 的穗长最为合适。

表 2-2　冰草幼穗大小对愈伤组织诱导的影响

幼穗大小（cm）	开始出愈时间（d）	愈伤形成天数（d）	愈伤组织诱导率（%）	愈伤组织状态
<1	4	16	30	白色，较致密
1~2	6	20	86	白色，致密
2~3	6	22	92	白色，致密
>3	8	28	60	白色，致密

2. 愈伤组织的继代培养

当幼穗在 Y 培养基中经过 21d 的暗培养后，形成的愈伤组织大多为白色松软的非胚性愈伤组织（图 2-3A），这种愈伤组织在各种分化培养基中的分化率低，把这些愈伤组织转到不同继代培养基上（表 2-3），经过 2 次（20d/ 次）的继代培养，部分愈伤组织发生转变，可转化为淡黄色、质地致密、颗粒状的胚性愈伤组织（图 2-3B），在分化培养基上可分化出苗。从表 2-3 可以看出，4 种基因型在含有 6-BA 的继代培养基上都可使愈伤组织状态发生改变，胚性愈伤率提高，但 6-BA 浓度不同增加幅度也不同。其中 J2（6-BA 为 0.2 mg/L）培养基的配比最为优越，使 4 种基因型冰草幼穗胚性愈伤的发生率比对照平均高了 12%。

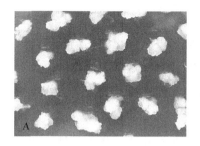
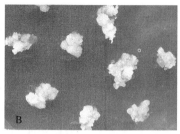

A—未加 6-BA 前的航道冰草的幼穗愈伤组织；

B—附加 0.2 mg/L 6-BA 的航道冰草幼穗的愈伤组织。

图 2-3　继代培养前后航道冰草幼穗愈伤组织状态

表 2-3　6-BA 对冰草幼穗愈伤组织的作用

品种	培养基类型	愈伤数（块）	胚性愈伤数（块）	胚性愈伤发生率（%）
航道	Y	100	41	41
	J1	100	48	48
	J2	100	52	52
	J3	100	50	50
诺丹	Y	100	35	35
	J1	100	41	41
	J2	100	49	49
	J3	100	44	44
蒙古	Y	100	46	46
	J1	100	54	54
	J2	100	58	58
	J3	100	53	53
蒙农杂种	Y	100	65	65
	J1	100	67	67
	J2	100	78	78
	J3	100	72	72

3. 愈伤组织的分化培养

（1）不同激素配比对胚性愈伤组织分化的影响。把经继代培养改造过的、色泽鲜亮、块状的愈伤组织置于 MS 附加不同浓度 KT 和 NAA 的培养基上，研究不同组合下对愈伤组织分化的影响（表 2-4）。在附加不同浓度细胞分裂素 KT 的试验中（F1~F4），愈伤组织分化成绿芽不多，再生植株的频率较低，平均只有 50%。与 KT 配合附加 0.5~1.0mg/L 生长素类物质 NAA（F5~F8），芽的分化率较高，平均达到了 71%。二者中均有部分愈伤组织产生根状物，频率分别为 3.75%，3.0%。由此筛选到优化后分化培养基为 F6：MS+3.0mg/L KT+0.5mg/L NAA，分化率为 78.5%。

表 2-4　不同激素配比对胚性愈伤组织分化的影响

培养基	愈伤数（块）	分化绿点数（个）	分化根的愈伤数（块）	分化苗频率（%）
F1	100	46	3	46
F2	100	54	5	54
F3	100	48	4	48
F4	100	52	3	52
F5	100	66	2	66
F6	100	78	3	78
F7	100	68	4	68
F8	100	72	3	72

（2）不同基因型愈伤组织的分化。挑选经继代培养后生长状态好的愈伤组织转接到 K6 分化培养基上，40d 后统计各

品种愈伤组织的分化率（表 2-5）。表 2-5 显示出在相同培养
基上，4 种冰草愈伤组织分化率有明显差异。蒙农杂种冰草
的愈伤组织分化最快，在转入分化培养基中 25 d 后愈伤组织
出现绿点（图 2-4），其分化率也是 4 个品种中最高的，达到
72%；蒙古冰草和航道冰草的愈伤组织分化速度相差不大，
在分化培养基上 32 d 愈伤组织出现绿点，分化率分别为 58%
和 52%；诺丹冰草的愈伤组织分化最慢，近 40 d 愈伤组织才
出现绿点，而且分化率较低，只有 41%。

表 2-5　不同基因型愈伤组织的分化

品种	愈伤组织数（块）	分化绿点数（个）	分化率（%）
航道	100	52	52
诺丹	100	41	41
蒙农杂种	100	72	72
蒙古	100	58	58

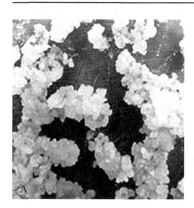

A—蒙农杂种冰草幼穗愈伤组织的分化；

B—蒙农杂种冰草幼穗再生植株。

图 2-4　蒙农杂种冰草幼穗愈伤组织的分化

4. 冰草再生植株的生根和移栽

待分化出的小苗长到 2~3cm 高的时候，接种于相同生根培养基上。15d 后可以看到在生根培养基中 4 个品种的小苗均能生根，所诱导出的根粗壮、发达（图 2-5）。当根长达到 3~4cm、植株健壮、叶色浓绿时可移栽。移植时，先去掉封瓶膜，往瓶中加入适量自来水，室温炼苗 2~3d 后用自来水将再生植株根部所带的培养基冲掉，移栽到灭菌的蛭石和草碳土（1∶1）中（图 2-6）。在相对湿度为 60% 的环境下，4 种冰草的移栽成活率可以保持在 96% 以上。

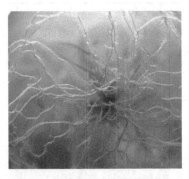 

图 2-5　冰草幼穗再生植株的生根情况　　图 2-6　冰草幼穗再生植株移栽温室

第二节　以成熟胚为外植体的冰草属植物组织
培养再生体系的建立

一、材料与方法

1. 实验材料

本试验选用多年生冰草的 4 个品种（同幼穗）的成熟种子

为供试材料。

2. 培养基

愈伤组织诱导培养基：MS+0.2 mol/L 甘露醇 +2.0 mg/L 2,4-D。

愈伤组织继代培养基：MS+0.2 mol/L 甘露醇 +2.0 mg/L 2,4-D，同时附加过滤灭菌的 ABA，其浓度设为：0 mg/L（对照），0.1 mg/L，0.3 mg/L，0.5 mg/L。

愈伤组织分化培养基：MS ＋ 3.0 mg/L KT ＋ 1.0 mg/L NAA。

生根培养基：1/2MS（MS 中大量元素减半）＋ 0.5 mg/L NAA。

培养基均含蔗糖（3%），琼脂（0.7%），pH=5.8~6.0，常规方法高压灭菌。

3. 种子的选择及处理

选取有生活力的饱满种子。将种子在室温下用水浸泡 2~40 h 后，剥去内外稃，再放在湿滤纸上吸胀 4 h。在超净工作台上用 75% 酒精消毒 30 s，无菌水冲洗数次（至少 3 次）后用 0.2% 升汞消毒 5 min，再用无菌水冲洗数次（至少 3 次）。置于铺有湿无菌滤纸的培养皿中，用解剖针从盾片处挑出胚（尽量少带胚乳）。在剥胚时适当将胚夹破，接种在愈伤组织诱导培养基上，每皿接种 50 粒。

4. 培养条件

将成熟胚接种于愈伤组织诱导培养基上，26℃暗培养 14 d，然后转入继代培养基中培养 20 d，继代 2~3 次。挑选生长状态好的愈伤组织转入分化培养基上进行分化，培养条件为

26℃下16 h光照培养，光照强度为3 000~4 000 lx，每隔30 d继代一次。待分化出小苗后转入生根培养基中生根。

二、结果与分析

1. 基因型对成熟胚愈伤组织诱导影响

将4个品种的冰草成熟胚接种于愈伤组织诱导培养基上，暗培养14d后统计愈伤组织的诱导率及愈伤组织状态。由表2-6可知，冰草各品种的愈伤组织诱导率及愈伤组织状态差别较大。蒙古冰草新品系的愈伤组织诱导率最高，达到了82%；其余3个品种的愈伤组织诱导率相差不大，在62.5%~67.5%之间。愈伤组织状态也是蒙古冰草最佳，其结构紧实、致密，而其他品种愈伤组织大多为白色透明状，松软，有些呈水渍状（图2-7）。

表 2-6　冰草基因型对成熟胚愈伤组织诱导的影响

品种	接种数（个）	开始出愈时间（d）	愈伤组织形成天数（d）	愈伤组织数（块）	愈伤组织诱导率（%）	愈伤组织状态
航道	400	4	10	250	62.5	白色，松软，水渍状
诺丹	400	4	10	270	67.5	白色，松软，水渍状
蒙古	400	3	8	328	82	白色，较紧实
蒙农杂种	400	3	9	256	64	白色，松软，水渍状

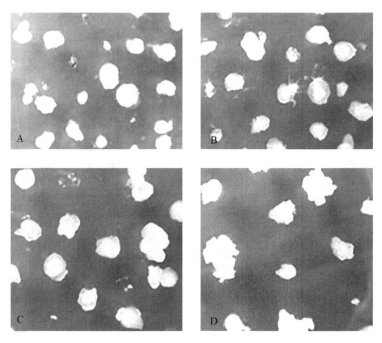

A—航道冰草的愈伤组织；　　　B—诺丹冰草的愈伤组织；

C—蒙农杂种冰草的愈伤组织；　D—蒙古冰草的愈伤组织。

图2-7　4种冰草品种的成熟胚愈伤组织状态

2．基因型对冰草成熟胚愈伤组织分化和生根的影响

将4种冰草成熟胚愈伤组织转接到分化培养基上，30 d后统计各品种愈伤组织的分化率。表2-7显示出在分化培养基上，4种冰草成熟胚愈伤组织均能分化，但分化率有明显差异。蒙古冰草愈伤组织分化率是4个品种中最高的（图2-8），为52%；航道冰草分化率最低，只有34%。与愈伤组织诱导率结果一致。把4个冰草品种分化出的小苗转入生根培养基上都可生根，生根后移栽到花盆中。

表 2-7　不同基因型冰草成熟胚愈伤组织的分化

品种	愈伤组织数（块）	分化绿点数（个）	分化率（%）
航道	100	34	34
诺丹	100	41	41
蒙古	100	52	52
蒙农杂种	100	45	45

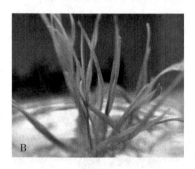

A—蒙古冰草成熟胚愈伤组织的分化；
B—蒙古冰草成熟胚再生植株。

图 2-8　蒙古冰草成熟胚愈伤组织的分化和再生

3. ABA 对冰草成熟胚愈伤组织状态及愈伤组织分化能力的影响

当成熟胚经过 14 d 的暗培养后，形成的愈伤组织状态大多为白色透明状，质地较柔软，有的呈水浸状，这些愈伤组织在分化培养基中很难分化成苗。将诱导出来的愈伤组织转入添加有不同浓度 ABA 的继代培养基上，继代 2 次，每次 20 d。表 2-8 表明，ABA 能够改进成熟胚愈伤组织生长状态并在一定程度上提高其分化能力。ABA 的这种作用在各品种间差别不大。添加 ABA（0.3 mg/L）可明显改善各品种成熟胚愈伤组织状态，使其愈伤组织的结构变得致密，颜色更加鲜亮，表面更加干爽（图 2-9），促进愈伤组织向胚性愈伤组织转变；不同浓度的 ABA 对成熟胚愈伤组织状态的改善影响不同。添加 ABA（0.1mg/L）影响不大；而附加 ABA（0.5mg/L）后，成熟胚愈伤组织状态反而有不同程度的下降，甚至有些呈黏液状；附加 ABA（0.3mg/L）后对愈伤组织状态有较大改善，明显增加了愈伤组织的紧实度，继而可分化形成再生小植株。

表 2-8　ABA 对冰草成熟胚愈伤组织状态及分化能力的影响

品种	ABA 浓度（mg/L）	成熟胚愈伤组织状态	分化率（%）
航道	0	白色，松软，体积小	34
	0.1	微黄，较紧实	40
	0.3	淡黄，结构较致密	52
	0.5	淡黄，有些微褐，有些呈黏液状	43
诺丹	0	白色，松软，体积小	41
	0.1	微黄，较紧实	44
	0.3	淡黄，结构较致密	54
	0.5	淡黄，有些微褐，有些呈黏液状	42
蒙古	0	白色，较紧实，体积大	52
	0.1	淡黄，结构紧实	65
	0.3	淡黄，结构松脆，颗粒状	74
	0.5	淡黄，有些微褐，有些呈黏液状	62
蒙农杂种	0	白色，松软，体积小	45
	0.1	微黄，较紧实	51
	0.3	淡黄，结构较致密	58
	0.5	淡黄，有些微褐，有些呈黏液状	52

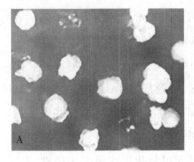

A—为未加 ABA 前的蒙农杂种冰草的愈伤组织；

B—为添加 0.3 mg/L ABA 后蒙农杂种冰草的愈伤组织。

图 2-9 附加 ABA 前后的蒙农杂种冰草成熟胚愈伤组织状态

第三节 冰草愈伤组织细胞悬浮培养初探

一、材料与方法

1. 实验材料

蒙农杂种冰草的种子。

2. 培养基

愈伤组织诱导培养基：W（MS+5.0 mg/L 2,4-D）和 M9（MS ＋ 2.0mg/L 2,4-D ＋ 0.2mol/L 甘露醇＋ 0.3mg/L ABA）。

悬浮液体培养基：AA+1.5mg/L 2,4-D ＋ 3% 山梨醇。

增殖培养基：MS+2.0mg/L 2,4-D。

分化培养基：K（MS+0.2mg/L KT）和 Z3（MS+3.0mg/L ZT+0.5mg/L NAA）。

培养基除悬浮液体培养基不加琼脂，蔗糖（2%）外均含蔗糖（3%），琼脂（0.7%），pH=5.8~6.0，常规方法高压灭菌。

3. 愈伤组织的诱导

将种子在室温下用水浸泡 4h 后，剥去内外稃，放在湿的滤纸上吸胀 1h。在超净工作台上用 75% 酒精消毒 30s，无菌水冲洗数次（至少 3 次）后用 50% 的次氯酸钠表面消毒 20min，再用无菌水冲洗数次（至少 3 次）。然后置于铺有湿的无菌滤纸的培养皿中，用解剖针从盾片处挑出成熟胚（尽量少带胚乳）。在剥取胚时适当将胚夹破，接种在愈伤组织诱导培养基上，26℃黑暗培养 10~15d。观察各外植体的愈伤组织诱导率、愈伤组织大小、颜色、质地状况。

4. 愈伤组织的悬浮培养

待出现胚性愈伤组织（6~8 周，易碎、呈黄色或白色）后，剥离愈伤，将继代培养 15~20d 的愈伤组织的一部分置于 40mL 的液体培养基中进行悬浮培养。摇床转速为 120r/min，25℃黑暗培养。每 2 周置换一次新鲜培养基（倒掉 3/4 体积的旧培养基，加入相同体积新鲜培养基继续培养），直到悬浮培养的愈伤组织全部摇成均匀细碎的小愈伤；另一部分转入 Z3 分化培养基中进行分化，培养基的转换也是每 2 周 1 次。

5. 悬浮愈伤的增殖培养

将液体培养的愈伤转置于增殖培养基上，25℃黑暗培养 2 周。

6. 悬浮愈伤组织的分化培养

将增殖的悬浮愈伤转接到分化培养基，25℃光照培养 2 周。

二、结果与分析

1. 不同培养基对成熟胚愈伤组织诱导的影响

将成熟胚接种于愈伤组织诱导培养基 M9 上，在黑暗条件下培养 4~5 d 胚开始膨大，7~12d 形成无色透明的愈伤组织，20d 左右达到出愈高峰。而接种于诱导愈伤培养基 W 上，在黑暗条件下培养 10d 左右胚才开始膨大。表 2-9 可知，在 M9 或 W 上均能诱导出愈伤组织，但愈伤组织诱导率及愈伤组织状态有差异。M9 上愈伤组织诱导率较高，为 81.8%；W 上愈伤组织诱导率只有 72.2%。愈伤组织状态也是前者明显优于后者，在 M9 培养基中诱导的愈伤组织相对较为紧实，W 上培养基的愈伤组织结构水质、柔软。

表 2-9　不同培养基对成熟胚愈伤组织诱导的影响

培养基	接种数	愈伤组织数（块）	愈伤组织诱导率（%）	愈伤组织状态
M9	152	111	81.8	较紧实、有褶皱
W	121	36	72.2	柔软，多水

2. 愈伤组织的悬浮液体培养

挑选结构松软且散，质地致密淡黄色，易碎的愈伤组织（图 2-10A）放入液体培养基中进行悬浮培养（图 2-10B）。在 120r/min 的转速下，25℃黑暗培养。摇动的过程中，愈伤组织块不断被摇细碎，培养 2 周后培养基中的营养被愈伤组织所吸收，需要向培养基中补充营养。这时将 3/4 的培养基倒出，加入相同体积新鲜的液体培养基继续培养，继代两次后愈伤组织被进一步摇碎（图 2-10C）。

3. 悬浮愈伤组织的增殖培养

将液体培养基倒出，将愈伤组织转到增殖培养基上增殖，

2 周后愈伤组织增大，且颜色鲜艳（图 2-10D）。

4. 悬浮愈伤组织的分化培养

将增殖的愈伤组织转到分化培养基 K 中进行分化，10d 后个别愈伤组织开始出现大量绿芽；而在 65d 前转入到 Z3 分化培养基上的愈伤组织只出现一两个绿芽点（图 2-10E）。由此可见，冰草愈伤组织经细胞悬浮培养后分化率高于常规愈伤组织培养的分化率。细胞悬浮培养是一种有效的再生途径。

A—挑选待悬浮的愈伤组织；

B—悬浮 30d 后的愈伤组织；

C—悬浮培养后转置在增殖培养基愈伤组织已长大；

D—愈伤组织经增殖后转置在分化培养基中，已有部分愈伤分化；

E—愈伤组织分化出绿芽。

图 2-10　愈伤组织悬浮过程

第四节 讨 论

一、外植体对冰草组织培养再生的影响

1. 外植体类型

植物细胞工程育种技术中，可供选择的外植体有很多，如根尖、子叶、茎尖、茎段、叶片、花药、花粉、子房、幼穗、幼胚和成熟胚等。外植体是影响植物组织培养和遗传转化的重要因素，选择不同的外植体进行组织培养再生和遗传转化获得的效果是有明显差异的。小麦遗传转化获得成功者多数采用幼胚或其盾片愈伤组织做转化受体。玄松南等对肯塔基兰草的种子、幼穗、茎尖和结缕草的幼穗、茎尖的外植体进行愈伤组织诱导和分化研究，结果表明用肯塔基兰草的种子进行组织培养效果要比用幼穗或茎尖的好，而结缕草幼穗的细胞全能性显著优于茎尖。以花序和成熟种子为外植体建立草地早熟禾再生体系，花序比成熟种子更易于形成胚性愈伤组织。

本研究中，以冰草的幼穗和成熟胚为外植体，在相同的培养基条件下，进行了愈伤组织诱导、愈伤组织分化能力等方面的研究。结果表明，这两种外植体都可以再生成苗。不同基因型的冰草在以幼穗为外植体时的愈伤组织诱导率和分化率、愈伤组织质量都比成熟胚的高、好。但幼穗受季节限制而不能终年取样，成熟胚取材不受时间、季节限制，但其愈伤组织的诱导率低且在继代过程中容易褐化死亡，植株再生率较低，所以如果能够有效地提高成熟胚的出愈率并防止褐化，建立一个良好的分化系统，其愈伤组织将是一个很好的遗传转化受体系统，这仍有待于进一步研究。

2. 同种外植体的不同状态

外植体的生理状态和发育程度是影响离体培养反应的重要因素。严华军（1996）等研究表明，在大麦成熟胚培养中，以未经吸胀的干胚为外植体可以得到良好的培养效果。干胚的生命活动基本上处于静止状态，在表面消毒时能减轻消毒剂对胚的损伤，这可能有利于提高组织培养的效率。彭朝华，毛炎麟（1989）的研究发现，用完整的成熟种子诱导愈伤组织比用离体成熟胚困难很多，估计有两方面原因：一是种子是完整有机体，器官间相互制约，不易脱分化形成愈伤组织。而离体胚不受这种制约，易脱分化形成愈伤组织；二是离体胚在离体过程中都受到过一些机械损伤，促进愈伤组织的形成。

本研究在以成熟胚诱导愈伤组织过程中是把种子用水浸泡2~4 h 后，剥去内外稃，再吸胀 4h，消毒后将胚剥下放到愈伤组织诱导培养基中。以幼穗为外植体时认为适宜的取样时期为孕穗期，长度介于 1.0~3.0cm 的幼穗为适宜的外植体。

二、基因型对冰草组织培养再生的影响

组织培养中再生频率的高低受多种内外因素的影响，其中最重要的影响因素就是基因型。基因型不同可能造成再生频率相当大的差异。基因型对小麦和水稻的组织培养再生有一定的影响。基因型对植物组织培养的影响与外植体和培养基有一定的关联。不同基因型利用同一种外植体进行组织培养时可能表现出某一种基因型有良好的特性，但利用其他的外植体时又可

能是另外的一种基因型表现良好，高俊山等选用 10 个小麦基因型品种进行组织培养，从愈伤组织诱导率、绿苗分化率等方面比较了以幼穗、花药、幼胚为外植体的培养效果，结果表明，以幼胚为外植体时，各基因型间差异很小，但以花药为外植体时，各基因型间的差异却非常明显；基因型和培养基之间存在互作关系，有的基因型在某种培养基上生长情况好一些，而在另一种培养基上则生长情况差一些，而另一种基因型生长情形则相反。

在本试验中，通过对 4 种冰草幼穗和成熟胚组织培养的研究，也证实了不同基因型在相同的培养基条件下，愈伤组织发生、分化能力等方面确实存在着较大差异，其中在以幼穗为外植体时，蒙农杂种冰草不论在愈伤组织形成的速度、出愈率，还是在分化速度、分化率上都明显高于其他品种；在以成熟胚为外植体时蒙古冰草在愈伤组织出愈率和质量等方面更好一些。至于利用其他外植体和在各种不同的培养基条件下，冰草基因型对组织培养再生的影响，有待于更进一步的研究和探索。

三、外源激素在组织培养中的作用

通过培养基中外源激素的调整来协调内源激素的不平衡是提高外植体培养力的一条有效途径。

1. 2,4-D

Zhang 等和田文忠指出，禾本科植物愈伤组织诱导，2,4-D 通常是起决定作用的植物生长调节物质。施加外源 2,4-D 可以促进植物细胞生长素含量提高，从而诱导胚性细胞的发生。Linacero 指出，2,4-D 浓度过高或过低都不利于胚性愈伤组织的形成和分化再生。钱海丰等用 2,4-D 对高羊茅完整种子进行愈伤组织诱导发现，9mg/L 是其最佳浓度，诱导率为66.7%。卫志明认为 2,4-D 虽然可以起到诱导的作用，但其对外植体及愈伤组织的伤害作用较大，而且会抑制愈伤组织的分化，所以诱导时采取的浓度不宜过大，以减少组织培养中的无性系变异。所以本研究选择在幼穗和成熟胚诱导愈伤组织时的2,4-D 浓度都为 2.0mg/L。

2. 6-BA

6-BA 作为外源激素，能改善细胞内源生长素和细胞分裂素的，调节细胞生理生化状态，有利于胚性愈伤组织的发生，从而增加分化频率。Griffin 等分别对早熟禾、大麦、狗牙根、高羊茅的研究结果表明，在继代培养基中添加较低浓度 6-BA，促进了胚性愈伤组织的形成，提高了愈伤质量，增加其再生能力。本研究表明，在继代培养中加入 0.2mg/L 的 6-BA 对冰草幼穗胚性愈伤发生率和分化率起到一定的促进作用。

3. ABA

ABA 在禾本科植物组织和细胞培养中的作用越来越受到研究者的重视。提高培养基中 ABA 含量，有利于增加培养基的渗透势，使体细胞胚处于逐渐脱水状态，对于松软无定型、呈果冻状或棉絮状的愈伤组织，添加 ABA 是很必要的，可使愈伤组织转变为结构致密的胚性愈伤组织。大量研究证实，ABA 在多种作物组织培养中对胚性愈伤的发生都具有良好的作用；Inoue 和 Maeda 的实验也说明了在继代培养基中添加ABA 能提高植株的再生率；低浓度的 ABA 对保持愈伤组织的致密、稳定、结节状结构及提高胚性愈伤组织发生率具有重要作用；任江萍等的研究表明，附加 ABA 后能使小麦幼胚愈伤组织表面数层质地疏松的细胞变得质地致密，有利于基因枪转化。在本研究中，冰草成熟胚诱导出来的愈伤组织大多为非胚性愈伤组织，这些愈伤组织在分化培养基中难以分化成苗，在添加了 0.3mg/L ABA 的继代培养基上继代 2~3 次后冰草的愈伤组织质量得到了明显改善，愈伤组织致密紧实，胚性愈伤组织增多，分化能力也有所提高，这与以上研究报道的结果相一致。因此，在继代培养基中附加适当浓度的 ABA 可以明显改善冰草的愈伤状态，提高分化能力，这将为冰草组织培养和基因工程的进一步研究奠定良好的基础。

4. KT

罗琼等（2002）的研究发现，再生能力低的材料主要是由于 IAA/KT 的比值高，即内源生长素的含量相对于内源分裂素过高。在培养基中将 KT 的浓度适当提高，愈伤组织诱导率和绿苗分化率都有相应的提高。本研究发现 1.0~10.0 mg/L KT 均可使冰草幼穗愈伤组织分化，但分化率高低不同。附加 3.0mg/L KT 和低浓度 NAA 的培养基，冰草幼穗愈伤组织分化率最高。

综上所述，影响牧草愈伤组织分化频率的因素主要有两大类，其中内在因素包括不同基因型、外植体类型、同种外植体的不同发育状态；而外在因素主要包括激素的选择、营养及光照条件、胚性愈伤组织的挑选等。基因型和外植体的选择是决定牧草再生的先决条件。牧草品种繁多，必须根据拟转化基因的特征以及各种牧草的性状特征和生理生化特性确定出所选品种；同时由于大多幼胚或幼穗较小，操作难度大，且取材受季节限制，所以一般用种子经过一定时间的萌发，挑出具有萌发力种子的成熟胚进行愈伤诱导。调节激素的种类和组合则是获得高效再生植株的重要手段。不同的品种具有不同的再生特性，需要不同的再生条件，所以需要通过实验寻找各自的最佳激素配比。目前，各种影响因素的研究虽然取得了较为理想的结果，但也有不足之处。如现在牧草愈伤组织易诱导，但其高频再生品种却很有限，这就限制了高新生物技术在这些品种上的应用。另外某些影响因素的作用机制还不太一致，某些因素的作用机制正处于探索阶段，同时对品种本身的研究还需深入，如牧草品种内源激素的测定等。总之还需对牧草的高频再生进行更深入的研究，以求获得高频再生植株，为生物技术在牧草中应用奠定基础。

四、悬浮培养的影响因素

愈伤组织存在多种不同类型是由其细胞组成的变化或细胞状态的变化造成的，最具特点的细胞有 3 类：Ⅰ亢进分裂型，Ⅱ保守分裂型（易分化型），Ⅲ衰败型，特点如表 2-10 所示：胚性细胞介于Ⅰ和Ⅱ之间、Ⅰ与Ⅱ类型可通过调整相互转变。最早研究的细胞状态调控因子是维生素、激素以及氮源类型、渗透压等因素。以后又发现，培养基中碳源浓度对愈伤组织类型也有影响，浓度高时有利于疏松组织产生。增大无机盐浓度或附加氯化钠和氯化钾也可增加胚性愈伤组织的生成频率；有研究认为提高琼脂的浓度，影响了培养基的水分状况，限制了愈伤组织对水分的吸收，提高了愈伤组织的绿苗分化频率。可以看出，要促进细胞分裂进入亢进状态，可通过增加生长素浓度、增加还原态氮（如谷胺酰胺、精氨酸、水解酪蛋白等有机氮）、增加氯化钾量、升高渗透压、低温、降低水分含量等方法进行，反之要减缓细胞分裂，使之进入保守状态可以增加细胞分裂素、增加硝态氮或降低还原态氮等进行。细胞是一个复杂的系统，要培养出适于悬浮培养的愈伤组织，必须考虑以上因素，选择好培养基和培养条件。由于时间的关系，本研究只对冰草悬浮培养进行了一般的尝试性研究，在许多细节上没有进行深入的研究，尤其是在液体悬浮培养时，细胞悬浮的时间不够长，细胞分散不够，未能得出较为详细的结果，尚需做进一步的研究与分析。

表 2-10　不同细胞类型及其特征

类　型	特　征
Ⅰ 亢进分裂型细胞	呈球形、细胞核大、细胞质浓、细胞壁薄，细胞分裂能力强，胞间联系不紧密，形成结构松散或松脆的愈伤组织
Ⅱ 保守分裂型细胞	呈不规则球形或近等茎型，细胞核也较大，但细胞质较亢进分裂型稀，与之相比细胞壁较厚，分裂能力也较弱，胞间联系紧密，常形成坚硬的愈伤组织或外软内硬愈伤组织的颗粒
Ⅲ 衰败型细胞	多膨大或伸长，胞质稀或解体，核小或消失，壁厚，不分裂，细胞间仅靠在一起，一冲即散，存在于外软内硬愈伤组织的外部或疏松，暗淡生长慢的愈伤组织中

第五节 小 结

一是以幼穗为外植体的最适培养基为：

愈伤组织诱导培养基：改良 MS+2,4-D 2.0 mg/L。

继代培养基：改良 MS+2,4-D 2.0 mg/L+6BA 0.2mg/ L。

分化培养基：MS+KT 3.0 mg/L+NAA 0.5 mg/L。

生根培养基为 1/2MS+NAA 0.1 mg/L，生根率 100%。

二是以成熟胚为外植体的最适培养基为：

愈伤组织诱导：MS ＋甘露醇 0.2 mol/L ＋ 2,4-D 2.0 mg/L。

继代培养基：MS ＋甘露醇 0.2 mol/L ＋ 2,4-D 2.0 mg/L ＋ ABA 0.3 mg/L。

分化培养基：MS ＋ KT 3.0 mg/L ＋ NAA 1.0 mg/L。

生根培养基：1/2MS ＋ NAA 0.5 mg/L。

三是幼穗长度介于 1.0~3.0 cm 为最适宜取材时期。

四是 4 种冰草属植物均可以幼穗和成熟胚为外植体诱导愈伤组织并分化形成完整植株，其中幼穗和成熟胚最佳的受体材料分别是蒙农杂种冰草和蒙古冰草新品系。

五是冰草属植物幼穗和成熟胚两种外植体可以组织培养再生成苗，但以幼穗的愈伤组织诱导率、分化率和再生率高，是用于冰草遗传转化的最佳受体材料。

六是初步开展冰草属植物愈伤组织悬浮培养的研究，结果表明悬浮培养后的分化率较常规的高。

第三章

冰草属植物基因枪转化植物表达载体构建

第一节 HpBPC-CBF4植物表达载体构建

一、材料与方法

1.实验材料

（1）菌株及质粒载体。

菌株：大肠杆菌DH5α。

质粒载体：

SK：Ampr，含有LacZ片段和多克隆位点。

T-CBF4：植物表达载体，Ampr，含有LacZ片段。

H-PBPC26：植物表达载体，Ampr，含有玉米泛素启动子（Ubiquitin promotor），抗性筛选标记为 *bar* 基因。

以上菌株和质粒载体均由北京市农林科学院生物中心提供。

（2）培养基（表3-1）。

表 3-1　LB 培养基（Luria-Bertant 培养基）

组成	液体（1L 培养基）	固体（1L 培养基）
胰化蛋白胨	10g	10g
酵母提取物	5g	5g
氯化钠	10g	10g
琼脂粉	0	15g
pH 值	7.0	7.0

（3）主要仪器和试剂。

主要仪器：PCR 仪（PTC-150）、电泳仪、凝胶成像系统（BIO-RAD）、离心机（Eppendorf5804R）、紫外分光光度计（Amersham pharmacia biotech，Mltrospec2000）、恒温培养箱（宁波江南仪器厂）、电热恒温金属浴 HB-100（杭州大和热磁电子有限公司）、低温高速离心机（5804R）Eppendorf、移液器（Gilson）、PCR 仪（美国 MJ RESEARCH）等。

主要试剂：各种 DNA 限制性内切酶、T4DNA 连接酶、TaqDNA 聚合酶、T4DNA 聚合酶等均购自 TaKaRa 公司；Agarose 购自 Duchefa 公司；PCR 扩增引物由上海生工生物工程公司合成；抗生素、主要生化与分子生物学试剂购自北京经科公司、北京鼎国公司、上海生工生物工程公司。

2. 实验方法

（1）菌种的活化及质粒的提取、纯化。

菌种的活化：用接种环蘸取 –80℃保存的菌种，在含有相应抗生素（Kan，100mg/L 或 Amp，60mg/L）的 LB 固体培养基平板上画线，倒置平板，37℃过夜培养。

质粒的小量提取与纯化。所需溶液配制如下。

溶液Ⅰ: 50 mmol/L 葡萄糖, 25 mmol/L Tris-Cl (pH=8.0),
10 mmol/L EDTA (pH=8.0)。

溶液Ⅱ: 0.2 mol/L NaOH, 1% SDS (现用现配)。

溶液Ⅲ: NaAc (pH=5.2) 3 mol/L。

① 用无菌牙签分别挑取长在 LB 固体培养基平板上的
T-CBF4 (Kan, 100 mg/L), SK (Amp, 100 mg/L), H-PBPC26
(Amp, 100 mg/L) 等质粒的单菌落, 分别接种到含有相应抗
生素的 10 mL LB 液体培养基中, 37℃, 225 r/min 振荡过夜
培养 16~18h (至对数生长后期), 每种菌液分别按以下步骤
处理。

② 取 2 mL 菌液移至 2 mL 无菌的 Eppendorf 离心管中,
12 000 r/min, 离心 30s, 弃上清液, 重复一次; 用无菌吸水纸
条吸去管壁上的液滴。

③ 向 Eppendorf 离心管中加入 200 μL 冰冷的溶液Ⅰ, 涡
旋振荡悬浮菌体。

④ 向 Eppendorf 离心管中加入 400 μL 冰冷的溶液Ⅱ, 迅
速盖严离心管盖。开盖时可以看到黏稠的丝状物, 室温放置
5 min。

⑤ 向 Eppendorf 离心管中加入 300 μL 冰冷的溶液Ⅲ,
(绝对避免剧烈振荡) 颠倒离心管 10 次, 白色絮状分散均
匀。-20℃放置 2 min, 12 000 r/min 离心 10 min, 吸取上清液
移至另一个 1.5 mL 的 Eppendorf 离心管中。

⑥ 分别用等体积的 Tris 饱和酚、酚/氯仿/异戊醇
(25/24/1)、氯仿各抽提 1 次, 每次抽提后均于 12 000 r/min 离
心 5 min, 吸取上清液移至另一个 1.5 mL 的 Eppendorf 离心管

中（仔细吸取上层水相）。

⑦ 向 Eppendorf 离心管中加入 2/3 体积冰冷的异丙醇，混匀，–20℃放置 10min（或更长时间）。

⑧ 12 000r/min 离心 10min，弃去上清液，用无菌吸水纸条吸去管壁上的液滴。

⑨ 用 500μL 70% 乙醇洗沉淀 1~3 次，空气中干燥。

⑩ 加入 30~40μL 含有 RNase 的 ddH$_2$O 溶解质粒 DNA。（可放在 37℃消化 1 小时），电泳检测纯度，紫外吸收法测定浓度。

（2）E. coli DH5a 感受态的制备。

① 从 DH5α 的板上挑取（用牙签或小枪头）饱满的单菌落，接种于含约 2mL LB 液体培养基（不加任何抗生素）的三角瓶中，置 37℃在摇床上振荡过夜（12~16h），OD$_{600}$ 为 0.4 左右为宜。

② 取 0.5mL 菌液转接到一个含有 50mL LB 液体培养基（不加任何抗生素）的三角瓶中，置 37℃在摇床上振荡活化 2h，（此时 OD$_{600}$ ≤ 0.4~0.5，细胞数务必< 10^8 个 /mL，此为实验成功的关键）。

③ 将菌液转移到灭过菌的 50mL 的离心管中，在冰上置 30~60min。

④ 于 4℃以 4 000r/min 离心 10min，以回收菌体细胞。

⑤ 倒出培养液，将管倒置 1min 以便培养液流尽。

⑥ 向管中加入 10mL 的预冷 0.1mol/L CaCl$_2$（水溶，且灭过菌的），用移液枪吸取悬浮细胞沉淀。

⑦ 于 4℃以 5 000r/min 离心 3min，以回收细胞。

⑧ 倒出上清，加入 3mL 的 0.1mol/L CaCl$_2$（85% ddH$_2$O+15% 甘油，且灭过菌的），重新悬浮细胞沉淀（务必放在冰上）。

⑨ 分装细胞，每管 200μL。用液氮冷冻后，置于 -80℃ 冰箱内保存。

（3）质粒 DNA 转化大肠杆菌感受态细胞。

① 从 -80℃ 冰箱内取出感受态细胞放在冰上融化，加入 10μL DNA 混匀，轻轻旋转以混匀内容物，设置好对照，冰浴 30min。

② 将离心管放到 42℃ 金属浴中，热激 90s。

③ 冰浴 2min。

④ 向管中加入 800μL 的 LB 液体培养基，37℃ 培养 1h。

⑤ 将适当体积（200μL）已转化的感受态细胞，用涂板器涂在含有相应抗生素的 LB 固体培养皿中。

⑥ 倒置平皿 37℃ 培养 12~16h，出现菌落。

（4）琼脂糖凝胶电泳回收目的片段。用 DNA 凝胶回收试剂盒（V-gene Biotechnology Limited）回收。

① 在紫外灯下用锋利的刀片切下含有目的 DNA 的琼脂糖凝胶，用纸巾吸尽凝胶表面液体。尽量减少凝胶体积，大体积的凝胶需切成小块，以缩短步骤 4 中凝胶融化的时间。

② 称出凝胶的重量，以 1mg=1μL，换算凝胶体积。根据凝胶浓度，0.8% 的凝胶加 3 倍体积大的 Buffer DE-A：即 0.8% 的琼脂糖凝胶重量为 100mg，则应加入 300μL 的 Buffer DE-A。

③ 悬浮均匀后于 75℃ 加热，每隔 2~3min 混合一次，直

至凝胶完全融化（6~8min）。凝胶必须完全融化，以充分释放凝胶中的 DNA。

④ 按 Buffer DE-A 体积的 50% 加入 Buffer DE-B，混合均匀。

⑤ 将 DNA-prep Tube 置于 2mL Microfuge Tube 中，将步骤 5 中的混合液移入中，5 500r/min 离心 1min。

⑥ 弃滤液，将 DNA-prep Tube 置回到原 2mL Microfuge Tube 中，500μL Buffer W1，5 500r/min 离心 1min。

⑦ 弃滤液，将 DNA-prep Tube 置回到原 2mL Microfuge Tube 中，加入 700μL 已加无水乙醇的 Buffer W2，5 500r/min 离心 1min，以同样的方法再用 700μL Buffer W2 洗涤一次。

⑧ 将 DNA-prep Tube 置于 1.5mL 的离心管中，12 000r/min 离心 1min。

⑨ 将 DNA-prep Tube 置于另一个洁净的 1.5mL 的离心管中，在 silica 膜中央加入 20μL 65℃的去离子水，室温静置 1min。12 000r/min 离心 1min 洗脱 DNA（用于连接）。

⑩ 将 DNA-prep Tube 再置于另一个洁净的 1.5mL 的离心管中，在 silica 膜中央加入 15μL 65℃的去离子水，室温静置 1min。12 000r/min 离心 1min 洗脱 DNA（用于电泳检测）。

（5）回收 DNA 片段与载体的连接。连接反应体系如下：

回收纯化 DNA，8μL；T4 DNA 连接酶，0.5μL；10×buffer，1μL；载体，0.5μL。置 4℃冰箱中 16h 连接或 16℃ 4h。

（6）连接产物的 E. coli DH5a 转化。

① 取连接产物加入到 200μL E. coli DH5a 感受态中，混匀，冰浴 30min。

② 42℃热击 90s，立即冰浴 1~2min。

③ 加入 800μL LB 液体培养基（不加任何抗生素），37℃保温 1h，使菌恢复生长。

④ 取出后，稍离心（4 000~5 000r/min，2min），弃 600μL 的液体，剩余的用枪头吸吐混匀。

⑤ 将混匀的已转化的感受态细胞（约 200μL）转移到含相应抗生素的 LB 固体培养基上，用消毒过的玻璃铺菌器轻轻划匀，使液体完全被吸收。

⑥ 37℃倒置培养过夜，12~16h 后可出现菌落。

（7）植物表达载体 HpBPC-CBF4 的构建过程（图 3-1）。

① 用 SalI 完全酶切 T-CBF4 质粒（10μL 体系：T-CBF4 质粒 DNA，6μL；10×buffer，2μL；SalI，2μL；混匀，37℃过夜），回收片段，再用 EcoRI 部分酶切此片段（10μL 体系：回收质粒 DNA，8μL；10×buffer，1μL；EcoRI，1μL；混匀，37℃ 5min），回收 670bp 的目的基因片段。用 SalI 和 EcoRI 双酶切 SK 载体（15μL 体系：SK 质粒 DNA，5μL；10×buffer，1.5μL；SalI，1.5μL；EcoRI，1.5μL，ddH₂O，5.5μL；混匀，37℃过夜），回收载体片段。将得到的目的基因片段和载体片段进行连接（10μL 体系：目的基因片段，8μL；载体片段 0.5μL；10×buffer，1μL；T4DNA 连接酶，0.5μL；混匀，16℃反应 4h），将连接产物转化到 DH5a 感受态细胞。挑取 2 个单菌落，摇菌后小量提取质粒 DNA，PCR 和酶切鉴定后，得到中间表达载体 SK-CBF4。

② 用 BamHI 和 KpnI 同时双酶切 SK-CBF4 和 H-pBPC26（H-pBPC26 酶切 20μL 体系：HpBPC26 质粒 DNA，12μL；

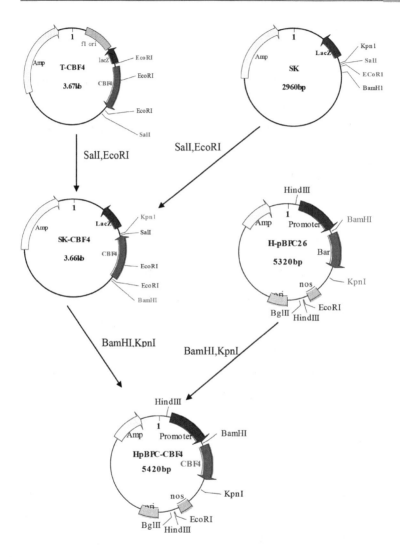

图 3-1 HpBPC-CBF4 表达载体构建过程

$10 \times$ buffer；$1\mu L$；BamHI，$1.5\mu L$；KpnI，$1.5\mu L$；ddH_2O，$4\mu L$混匀，37℃过夜，回收4 700bp片段。SK-CBF4酶切$20\mu L$体系：SK-CBF4质粒DNA，16μ；$110 \times$ buffer，$1\mu L$；KpnI，$1.5\mu L$；BamHI，$1.5\mu L$；混匀，37℃过夜，回收700bp片段。），将2个回收片段进行连接（$10\mu L$体系：700bp片段，$8\mu L$；4 700bp片段$0.5\mu L$；$10 \times$ buffer，$1\mu L$；T4DNA连接酶，$0.5\mu L$；混匀，16℃反应4h），转化大肠杆菌DH5a，阳性克隆鉴定，构建成HpBPC-CBF4表达载体。

二、结果与分析

1. 中间载体SK-CBF4的构建和检测

（1）中间载体SK-CBF4的构建。SK是一个具有LacZ片段和多克隆位点的质粒，在载体构建时可以判断目的片段是否整合和引入酶切位点；其上有T3和T7启动子，可用于筛选插入片段的方向，并具有Amp抗性。其上各有一个SalI和EcoRI酶切位点，且这两个酶切位点离的特别近，因此用这两个酶切SK电泳后只能看到一条带，大小为2 960bp，回收片段。

T-CBF4是从拟南芥中克隆到CBF4基因进而连接到T载体上得到的。在它上面共有1个SalI酶切位点和3个EcoRI酶切位点，先用SalI酶把T-CBF4切成线形，回收约3 700bp的片段，然后再用EcoRI部分酶切此片段，电泳后可以看到3 000bp左右的几条带，700bp的带和530bp的带，回收700bp的片段。

将回收到的两个片段连接后，转化到DH5a感受态细胞中，即获得了中间载体大约 3 700 bp SK-CBF4。

（2）中间载体 SK-CBF4 的检测。PCR 检测：用 CBF43'
引物（ATT ACT CGT CAA AAC TCC AGA GTG）和 CBF45'
引物（AAT GAA TCC ATT TTA CTC TAC）对重组质粒 SK-
CBF4 进行扩增（反应体系为 25 μL，扩增程序为 95℃预变
性 7 min；94℃变性 1 min，58℃退火 1 min，72℃延伸 1 min
40 s，35 个循环。）得到了约 700 bpDNA 片段（图 3-2），只有
CBF4 片段连接到 SK 上，才能用 CBF43' 引物和 CBF45' 引物
扩增得到约 700 bp 的 DNA 片段，所以 PCR 检测结果初步验
证了载体 SK-CBF4 构建成功。

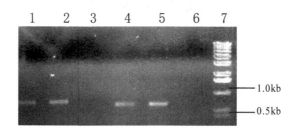

1~4—为重组子；5—阳性对照；6—阴性对照；7—DNA分子量标准。

图 3-2　重组质粒 SK-CBF4 的 PCR 检测

酶切检测：SK-CBF4 在 CBF4 基因自身距 5' 端 180 bp 位
置有 1 个 EcoRI 酶切位点，在其上游和下游还各有 1 个 EcoRI
酶切位点，共有 3 个 EcoRI 酶切位点，如用该酶进行完全酶
切应切出 3 000 bp，500 bp 和 200 bp 3 条 DNA 片段。在 SK-
CBF4 上，CBF4 基因的两端各有 1 个 PstI 酶切位点，因此用
它切 SK-CBF4 应切出 2 条 DNA 片段（3 000 bp 和 700 bp）。

用 SpeI 酶切可以鉴定 *CBF4* 基因连接在 SK 上的方向是否正确，如切出 1 条 3 700bp 的带，就是反向连接的（不是我们想要的）；切出 2 条 DNA 片段（3 000bp 和 700bp）就是正向连接的。从图 3-3 看到，3 种酶切结果都与我们想获得的结果完全一致，这表明了中间载体 SK-CBF4 的构建是正确的。

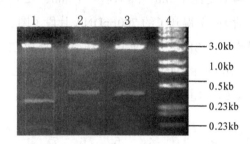

1—EcoRI；2—PastI；3—SpeI；4—DNA 分子量标准（1kb Marker）。

图 3-3　酶切检测 SK-CBF4 中间载体

2.HpBPC-CBF4 的构建和检测

（1）HpBPC-CBF4 的构建。HpBPC26 含有玉米泛素 Ubiquitin 启动子（约 2 000bp）、Bar 基因（约 530bp），Bar 基因两端有 BamHI 和 KpnI 酶切位点，用 BamHI 和 KpnI 双酶切可将 Bar 基因切除。电泳有两条带，大片段为 4 720bp，小片段为 Bar 基因（530bp），回收大片段。

SK-CBF4 中 *CBF4* 基因两端也有 BamHI 和 KpnI 酶切位点，用 BamHI 和 KpnI 双酶切可将 *CBF4* 基因切除。电泳有两条带，大片段为 2 960bp，小片段为 *CBF4* 基因，回收小片段（约 700bp）。

将回收到的两个片段在 T4 连接酶作用下 16℃连接 4h，

转化到 DH5a 感受态细胞中，获得植物表达载体 HpBPC-CBF4（大约 5 420bp）。

（2）HpBPC-CBF4 的检测。PCR 检测：用 CBF43′引物和 CBF45′引物扩增得到了约 700bpDNA 片段（图 3-4），证明 *CBF4* 基因片段连接到了载体 HpBPC26 上。

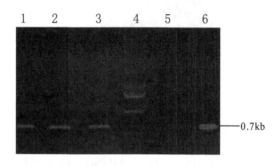

1~3—重组子；4—DNA 分子量标准；5—阴性对照；6—阳性对照。

图 3-4 重组质粒 HpBPC-CBF4 的 PCR 检测

酶切检测：筛选出阳性克隆后，提取质粒，分别用 XhoI 和 HindIII 进行酶切鉴定。从图 3-5 来看，用 XhoI 酶切 HpBPC26-CBF4 得到了 2 700bp、2 000bp 和 670bp 大小的 3 条 DNA 片段，用 HindIII 酶切 HpBPC26-CBF4 得到了 3 000bp 和 2 420bp 大小的 2 条 DNA 片段，得到的片段数量和大小与预期结果完全一致，说明 HpBPC26-CBF4 表达载体构建成功。

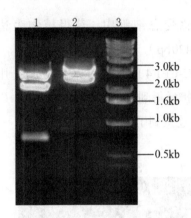

1—XhoI ； 2—HindIII ； 3—DNA 分子量标准。

图 3-5　重组质粒 HpBPC-CBF4 的酶切检测

第二节　pBPI-P5CS 植物表达载体构建

一、材料与方法

1. 实验材料

（1）菌株及质粒载体。

菌株：大肠杆菌 DH5α。

质粒载体：

pBI121-P5CS：含 P5CS 基因。

pBPI：含 bar 基因。

SK 载体：含有 LacZ 片段和多克隆位点。

T 载体：含有 LacZ 片段和多克隆位点。

以上菌株和质粒载体除 T 载体购自 Promega 公司外均由

北京市农林科学院生物中心提供。

（2）培养基。同第一节。

（3）主要仪器和试剂。同第一节。

2. 实验方法

（1）构建共转化植物表达载体 pHBP5CS。

改造 pBPI：根据 Hind Ⅲ的酶切位点设计引物5′-CAGATCTG-3′，采用 DNA Ligation Kit Ver.2 试剂盒使接头（Hind Ⅲ 5′-CAGATCTG-3′）连接到用 EcoRV 内切酶切开的 pBPI 质粒中，构建成重组载体 H-pBPI，使得 Hind Ⅲ酶切位点引入 pBPI 质粒中（图 3-6）。

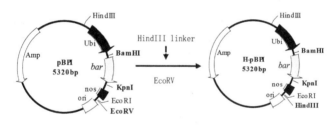

图 3-6　pBPI 改造为 H-pBPI

P5CS 引入 Bgl Ⅱ与 Kpn Ⅰ插入到 H-pBPI：

① 用 SphI 与 SpeI 部分酶切将 pBI121 上的 P5CS cDNA 切下，纯化回收 P5CS cDNA 2.1kb 片段，连接到用 SphI 与 XbaI 内切酶完全切开的 pSP72 质粒中（SpeI 与 XbaI 为同尾酶），构建成重组子 pSP-P5CS。

② 用 XhoI 与 EcoRI 将 P5CS cDNA 片段从 pSP-P5CS 中切下，纯化回收 P5CS cDNA 2.1kb 片段，连接到用相同内切

酶切开的 SK 质粒中，构建成重组子 pSK-P5CS。

③ 用 KpnI 分别单酶切 pSK-P5CS 和 pSP72，纯化回收 P5CS cDNA 2.1kb 片段连接到 pSP72 质粒。因单酶切后片断的插入是随机的，需利用 PCR 选择方向。挑取数个克隆，在 Amp 抗性的 LB 液体培养基振荡培养 250r/min，16h，取菌液用 P5CS cDNA 的 5′引物和 3′引物分别与 T7 引物配对扩增，电泳检测其扩增产物，选择 P5CS cDNA 的 3′引物与 T7 配组扩增出 2.1kb 片段的克隆，即 P5CS cDNA 的 5′端与 Bgl Ⅱ在同一侧，构建成重组子 pSPK-P5CS。

④ 用 KpnI 与 Bgl Ⅱ部分酶切将 pSPK-P5CS 上的 P5CS cDNA 切下，纯化回收 P5CS cDNA 2.1kb 片段，连接到用 KpnI 与 BamHI 内切酶切开的重组载体 H-pBPI 质粒中（Bgl Ⅱ与 BamHI 为同尾酶），构建成植物表达载体，命名为 pHBP5CS，大小为 6.8kb（图 3-7），用于共转化。

（2）构建植物表达载体 pBPI-P5CS。

用 Hind Ⅲ部分酶切将 pHBP5CS 上的表达框架"启动子 Ubi+ P5CS+ 终止子 Nos"约 4.4Kb cDNA 切下（因 P5CS 上 673bp 处有一 Hind Ⅲ酶切位点），纯化回收 4.4kb 片段，连接到用 Hind Ⅲ内切酶完全切开的 pBPI 质粒中，构建成重组子 pBPI-P5CS，大小约 9.7kb，用于基因枪的直接转化（图 3-8）。

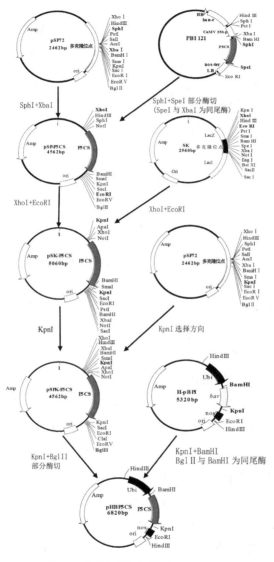

图 3-7 共转化植物表达载体 pHBP5CS

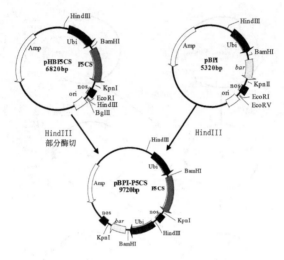

图 3-8　直接转化植物表达载体 pBPI-P5CS

（3）所用到的其他具体实验方法操作步骤同第一节。

二、结果与分析

植物表达载体的构建

（1）共转化表达载体 pHBP5CS 的构建。分别用 PCR 与酶切方法对构建的植物表达载体 pHBP5CS 进行检测。图 3-9 为 pHBP5CS 的质粒结构简图，图 3-10 为酶切检测。P5CS cDNA 在 673bp 位置有 Hind Ⅲ 酶切位点，在 51bp 处存在 BamHI 酶切位点。而 Nos 终止子下游存在 EcoRI、Hind Ⅲ、Bgl Ⅱ 酶切位点，其上游存在 KpnI 酶切位点；Ubi 启动子上游具有 Hind Ⅲ 酶切位点，下游有 BamHI 位点，内部 1 392bp 处有 EcoRI 位点。Ubi 启动子约 2.0kb，Nos 终止子约 260bp。因此用 Hind Ⅲ 单酶切可切出约 2.7kb，2.4kb，1.7kb 三个

DNA 片段，用 BamHI+KpnI 双酶切可切出约 4.7kb，2.1kb 和约 50bp（电泳图很难分辨）的三个 DNA 片段，EcoRI+KpnI 双酶切可切出约 3.8kb，2.7kb，0.3kb 的三个 DNA 片段，KpnI 单切可切出 6.8kb 的一条带。图 3-10 的酶切结果均与上述推测相符，表明本研究所构建的 pHBP5CS 是正确的。

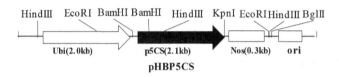

图 3-9　重组质粒 pHBP5CS 结构

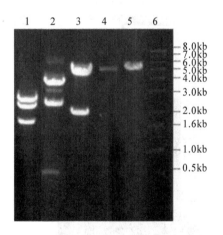

1—Hind Ⅲ；2—KpnI+EcoRI；3—BamHI+KpnI；4，5—KpnI，6—1kb Marker。

图 3-10　重组质粒 pHBP5CS 酶切鉴定

（2）直接转化植物表达载体 pBPI-P5CS 的构建。图 3-11 为 pBPI-P5CS 的质粒结构简图，图 3-12 为酶切检测。结构同图 3-9 相似，不同的是 *bar* 基因的上游有 BamHI 酶切位点，下游有 KpnI 酶切位点，Ubi 启动子内部 696bp 处有 XhoI 位点，*bar* 基因约 550bp。因此用 Hind Ⅲ 单酶切可切出约 5.3kb，2.7kb，1.7kb 3 个 DNA 片段，用 BamHI 单酶切可切出约 5.3kb，4.4kb 和约 50bp（电泳图很难分辨）的 3 个 DNA 片段，EcoRI 单酶切可切出约 3.8kb，2.9kb，1.5kb，1.4kb 的 4 个 DNA 片段，KpnI 单切可切出 6.8kb，2.9kb 的两条带，XhoI 单切可切出 4.6kb，4.4kb，0.7kb 的 3 条带。图 3-12 的酶切结果均与上述推测相符，表明所构建的 pBPI-P5CS 是正确的。

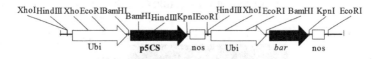

图 3-11　重组质粒 pBPI-P5CS 结构

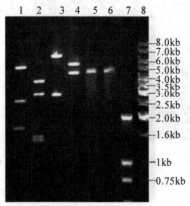

1—Hind Ⅲ；2—EcoRI；3—KpnI；4—BamHI；5，6—XhoI；7—DL2000；8—DNA marker。

图 3-12　重组质粒 pBPI-P5CS 酶切鉴定

第三节　讨　论

选择合适的启动子是能否达到遗传转化目标、能否表达、如何表达、表达量多寡的关键。最常用的启动子是35S基因启动子，该启动子能够在植物组织中高水平表达，因此，35S启动子已经被引入许多转基因植物中。但缺点也是显而易见的。除了特异性较差之外，CaMV 35S启动子近年来还被发现是一个重组热区，同时在动物细胞中也被检测到活性。这就使其应用于植物基因工程时存在环境风险。35S启动子来源于CaMV，这一病毒侵染多种十字花科植物，在其复制周期中经历DNA和RNA阶段，与人类免疫缺陷病毒（HIV）和乙型肝炎病毒以及反转录转座子的繁殖相似。在水稻等禾谷类作物遗传转化中35S启动子往往会造成转基因沉默等现象。

考虑到35S启动子潜在的风险性及其不能实现外源基因的稳定高效表达，在构建载体时我们选用了Ubiquitin启动子。Ubiquitin启动子来自玉米泛素（Ubiquitin），现已被广泛应用于单子叶植物的转化研究，以其为启动子，已成功地实现了*bar*，*uidA*，*lys*等基因在水稻中的高效表达。

根据*CBF*4的基因功能可以推测其启动子为水分胁迫诱导型的，但目前尚无相关研究报道。如果利用此类特异性表达的启动子调节抗旱基因的表达，就可以更有效发挥目的基因的作用，且对于保持植物本身的抗逆性和生理状态是十分有利的。由于时间问题，本研究未构建连有其特异型启动子的载体，这有待于进一步的研究。

第四节 小 结

一是成功构建了含有抗旱转录因子 *CBF4* 基因、由 Ubiquitin 启动子驱动的适用于冰草基因枪共转化的植物表达载体。

二是成功构建了含有耐盐基因 *P5CS*、由 Ubiquitin 启动子驱动的适用于冰草基因枪直接转化的植物表达载体。

三是成功构建了含有耐盐基因 *P5CS*、由 Ubiquitin 启动子驱动的适用于冰草基因枪共转化的植物表达载体。

第四章

基因枪轰击法获得转基因冰草

第一节　材料与方法

一、实验材料

1.受体材料

以成熟胚为外植体，诱导 60 d 左右的愈伤组织作为外源基因的受体。以幼穗为外植体，诱导 50 d 左右的愈伤组织作为外源基因的受体。

2.转化所用的重组质粒

含 Bar 基因植物表达载体 pBPC26 由北京农业生物技术中心张晓东实验室提供，含 *CBF4* 基因植物表达载体 HpBPC-CBF4 和含 *P5CS* 基因植物表达载体 pHBP5CS 由本研究室构建（图 4-1）。

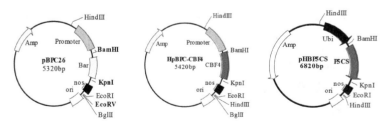

图 4-1　冰草基因枪转化植物表达载体结构图

3．主要试剂

酶类（Takara），Glufosinate（FLUKA），DIG High Prime DNA Labeling and Detection Starter Kit Ⅱ（Roche）。

4．仪器设备

低温高速离心机（5804R，Eppendorf）、基因枪（PDS-1000ⅠHe，美国 Bio-Rad 公司）、电泳仪（DYY-Ⅲ 6B 型，北京六一仪器厂）、电热恒温金属浴（HB-100，杭州大和热磁电子有限公司）、移液器（Gilson）、PCR 仪（RTC-150，美国 MJ RESEARCH）。

5．培养基

（1）成熟胚的培养基名称及配方。

愈伤组织诱导培养基：MS+0.2 mol/L 甘露醇 +2.0 mg/L 2,4-D。

愈伤组织恢复培养基：同愈伤组织继代培养基。

愈伤组织筛选培养基：MS+0.2 mol/L 甘露醇 +2.0 mg/L 2,4-D +Glufosinate（0mg/L，1.0mg/L，2.0mg/L，3.0mg/L，3.5mg/L，4.0 mg/L）。

分化筛选培养基：MS+3.0 mg/L KT+1.0 mg/L NAA +1.0mg/L Glufosinate。

生根培养基：1/2MS+0.5 mg/L NAA +1.5mg/L Glufosinate。

培养基均含蔗糖（3%），琼脂（0.7%），pH=5.8~6.0，常规方法高压灭菌。

（2）幼穗的培养基名称及配方。

愈伤组织诱导培养基：改良 MS+2.0 mg/L 2,4-D。

愈伤组织继代培养基：改良 MS+2.0 mg/L 2,4-D+0.2 mg/

L 6-BA。

愈伤组织恢复培养基：同愈伤组织继代培养基。

愈伤组织筛选培养基：愈伤组织继代培养基 +Glufosinate（0mg/L，1.0mg/L，2.0mg/L，3.0mg/L，3.5mg/L，4.0 mg/L）。

愈伤组织分化培养基：MS+3.0 mg/L KT+0.5 mg/L NAA +1.0 mg/L Glufosinate。

生根培养基：1/2MS+ 0.8mg/L Glufosinate。

以上培养基均含蔗糖3%，7.0 g/L 琼脂，pH=5.8~6.0，常规高压灭菌。

二、实验方法

1. 愈伤组织对除草剂 Glufosinate 抗性的测定

（1）成熟胚愈伤组织。设置 Glufosinate 浓度分别为 0mg/L、1.0mg/L、2.0mg/L、3.0mg/L、3.5mg/L、4.0 mg/L 的继代培养基，挑选结构致密，颗粒状的愈伤组织分别摆放到上述培养基中，每个处理 3 皿，每皿 20 个，观察愈伤组织的褐化率和状态，观察的时间分别为 10 d、20 d、30 d。

（2）幼穗愈伤组织。同上。

2. 愈伤组织转化后恢复培养时间的确定

将基因枪轰击后的愈伤组织移至愈伤组织恢复培养基进行恢复培养，时间分别设为 0d、3d、5d、7d，观察 4 种不同情况下被轰击后愈伤组织的生长情况。

3. 冰草基因枪法转化

（1）受体准备。选取致密颗粒状的愈伤组织作为基因的受体材料，基因枪轰击前将愈伤组织集中在愈伤组织诱导培养基

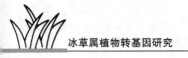

的培养皿，中心直径为 2~3cm 的圆圈内。

（2）质粒的提取和纯化。

溶液 I：50mM 葡萄糖 0.99085g

   25mM Tris-Cl（pH=8.0）1M Tris-Cl 12.5mL

   10mM EDTA（pH=8.0）2mL 0.5M EDTA

   加 ddH$_2$O 定容至 100mL

溶液 II：1%SDS（新鲜配制）

   0.2mol/L NaOH（临用前用 10 mol/L NaOH 母液稀释）

溶液 III：KAC（5mo/L）60mL

   ddH$_2$O（pH=4.8）28.5mL

   冰乙酸 11.5mL

   加 ddH$_2$O 定容至 100mL。

质粒 DNA 的提取：

① 从 LB 平板上挑取单菌落，接种于 5mL 附加相应抗生素的 LB 液体培养基 37℃ 条件下 250r/min 振荡培养过夜（至对数生长后期）。

② 取 1.2~1.5mL 菌液移至 1.5mL 无菌的 Eppendorf 离心管中，12 000r/min，离心 30s，弃上清液。

③ 重复步骤②一次；用无菌吸水纸条吸去管壁上的液滴。

④ 向 Eppendorf 离心管中加入 200μL 冰冷的溶液 I，涡旋振荡悬浮菌体。

⑤ 向 Eppendorf 离心管中加入 400μL 冰冷的溶液 II，迅速盖严离心管盖，快速颠倒（千万不要振荡）离心管 5 次，室温放置 5min。开盖时可以看到黏稠的丝状物。

⑥ 向 Eppendorf 离心管中加入 300μL 冰冷的溶液 Ⅲ，（绝对避免剧烈振荡）颠倒离心管 10 次，白色絮状分散均匀。–20℃放置 2min，12 000r/min 离心 10min，吸取上清液移至另一个 1.5mL 的 Eppendorf 离心管中。

⑦ 分别用等体积的 Tris 饱和酚、酚/氯仿/异戊醇（25/24/1）、氯仿各抽提 1 次每次抽提后均于 12 000r/min 离心 5min，吸取上清液移至另一个 1.5mL 的 Eppendorf 离心管中（仔细吸取上层水相）。

⑧ 向 Eppendorf 离心管中加入 2/3 体积冰冷的异丙醇，混匀，120℃放置 10min 或更长时间。

⑨ 12 000r/min 离心 10min，弃去上清液，用无菌吸水纸条吸去管壁上的液滴。

⑩ 用 500μL 70% 乙醇洗沉淀 1~3 次，空气中干燥。加入 30~40μL 含有 RNase 的 ddH₂O 溶解质粒 DNA（可放在 37℃ 消化 1h），电泳检测纯度，紫外吸收法测定浓度。

质粒 DNA 的纯化与浓缩：

① 测量待纯化溶液体积加大到 800μL，置适宜离心管中，必要时（含 RNA 杂质时）可加 1/10 倍体积 10mg/mL RNase，于 37℃保温 1h。确保 RNA 被彻底的消化。

② 加入等体积的 Tris 饱和酚或酚/氯仿/异戊醇（25/24/1），小于 10kb 的质粒 DNA 可颠倒离心管振荡混匀，大于 10kb 的质粒 DNA 轻轻转动离心管混匀。

③ 12 000r/min 离心 5min，若分层不清，增加离心时间，吸取上层水相至无菌离心管中，继续用 1 倍体积的酚/氯仿/异戊醇（25/24/1）抽提。

④ 分层清晰后，吸取上层水相，用氯仿抽提至少 2 次。

⑤ 12 000r/min 离心 5min，吸取上层水相，加入 1/10 体积的 3M 的 NaAc 和等倍体积的异丙醇沉淀 DNA（-20℃ 过夜）。

⑥ 12 000r/min 离心 10min，弃上清液，用 70% 乙醇洗涤 DNA 沉淀（1~3 次），再用等体积的无水乙醇洗涤一次，吹干。

⑦ 加入适量无菌 ddH_2O 溶解。

质粒 DNA 浓度的测量：

取待测液 1μL 在比色杯中稀释 50 倍，在紫外分光光度仪上分别测量液体在 260nm、280nm 和 230nm 的 OD 值。纯的 DNA 溶液其 OD_{260}/OD_{280} 的值应为 1.8，OD_{260}/OD_{230} 的值应大于 2.0。最终将待测质粒溶液的浓度调为 1μg/μL。

（3）基因枪法共转化。

金粉制备：

① 称取 60mg 金粉于离心管。

② 加入新鲜制备的 1mL 70% 的乙醇。

③ 置平板漩涡混合器上震荡 3~5min。

④ 静置 15min。

⑤ 15 000r/min 离心 15min 使金粉沉淀，弃掉上清液。

⑥ 重复下列步骤 3 次：加入 1mL 消毒 ddH_2O，漩涡震荡 1min，静置 1min，15 000r/min 离心 2min 使金粉沉淀，弃去上清。

⑦ 加入 50% 甘油，使金粉浓度达到 60mg/mL。

⑧ 4℃ 保存。

子弹制备：

试剂的配制：2.5mol/L的CaCl$_2$（M=110.99），用0.22μm的滤膜过滤除菌（也可高温灭菌）贮存 −20℃。0.1mol/L的亚精胺：（现配现用，或者配后在 −20℃保存，但不得超过2个月）过滤除菌。50%的甘油（高压灭过菌的）。

① 涡漩震荡5min，使在50%甘油中的金粉沉淀悬浮。

② 取50μL（3mg）悬浮混合液于1.5mL的管中。

③ 依次加入：5μL（1μg/μL，bar：P5CS=1∶5 或 bar：CBF4=1∶5）DNA，50μL（2.5M）CaCl$_2$，20μL（0.1M）亚精胺。

④ 继续震荡2~3min，静置1min。

⑤ 12 000r/min离心2min沉淀金粉，吸出上清液。

⑥ 加入140μL 70%乙醇，不破坏沉淀块，吸出上清液。

⑦ 加入140μL 100%乙醇，不破坏沉淀块，吸出上清液。

⑧ 加入60μL 100%乙醇。

⑨ 指弹管壁几次，使重新悬浮，然后低速漩涡2~3s。

⑩ 每次取8μL放在在载体中央直径1cm范围内，每次要尽量取出等量的（500μg）微粒子，均匀铺到载体中央1cm直径之内，立即干燥。

愈伤组织基因枪轰击过程（轰击参数见表4-1）。

基因枪的所有操作均在无菌条件下进行，具体步骤如下：

① 先将基因枪放置于一个较大型号的超净工作台上，紫外灯杀菌30 min以上，用70%乙醇对基因枪表面及样品室进行消毒（注意一定要仔细擦洗）。同时，将阻挡网和可裂圆片托座、微弹载体及其固定器、固定工具高压灭菌。可裂膜片可

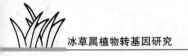

用异丙醇浸泡进行表面灭菌。

表 4-1　基因枪轰击参数

距离	
A：爆裂盘和金粒载片	2.5cm
B：金粒载片和阻挡屏	0.8cm
C：阻挡屏和目标材料	12cm
气压	1 300psi
真空度	28英寸汞柱（1英寸为2.54cm）
粒子大小	金粒直径1.0~2.0μm
粒子量	每次轰击500μg

② 将微粒载片嵌入固定环中，取DNA及金粉的混合物加于微粒载片中心，干燥1min左右。

③ 安装可裂膜片于其托座上，顺时针拧到气体加速器上。

④ 将空间环、阻挡网、阻挡网托座、微粒载片及固定环（带有微粒的一面朝下）。

安装好，旋紧盖子，插入枪中。

⑤ 把样品放在轰击室中，关好门。

⑥ 打开氦气瓶的总阀，顺时针转氦气调节阀，使氦压表指针指示数高于可裂膜片。

压力200psi（1.379MPa），即1 300psi。

⑦ 打开基因枪及变压器开关。

⑧ 按动真空VAC键，待真空度至26~28英寸（1英寸≈2.54cm）汞柱（88.05~94.82kPa）时，迅速按下Hold键，接着按发射FIRE键，并保持不动，直到击发为止。

⑨ 按通气 VENT 键，待真空表回零后，打开真空室小门，取出样品。

⑩ 关机：A. 把氦气瓶的总开关旋紧，打一次空枪，到氦压表（2 个表的）指针回零后，再逆时针旋转氦压表调节阀；B. 关闭基因枪的总开关及变压器开关。

4. 转化体筛选和植株再生

（1）幼穗为外植体的转化体筛选和植株再生。

① 愈伤组织经基因枪轰击后，放于愈伤恢复培养基中，在黑暗条件下（25℃）恢复培养。

② 将其转入含有除草剂的筛选培养基中进行筛选，25℃黑暗培养。逐渐加大除草剂的筛选压，15 d 继代一次。

③ 然后将抗性愈伤转入含有除草剂的分化筛选培养基中诱导分化，每日 16h 光照（25℃）。

④ 分化出的小苗转入生根培养基上生根。

（2）成熟胚为外植体的转化体筛选和植株再生。方法同上。

第二节 结果与分析

一、愈伤组织对除草剂的敏感性测定

转化后的愈伤组织抗性筛选是转基因技术必不可少的一个关键环节，筛选的时间和浓度十分重要，若时间过长或浓度过大会导致愈伤组织的褐化，失去再生能力；时间过短或浓度过低，造成非转化体较多。

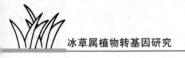

1. 幼穗愈伤组织对除草剂的敏感性测定

转化的愈伤组织接种在含除草剂 Glufosinate 的培养基中，Glufosinate 的有效成分为草丁磷。Glufosinate 浓度设 0mg/L、1.0mg/L、2.0mg/L、3.0mg/L、3.5mg/L、4.0mg/L 6 个梯度，采用过虑灭菌添加在培养基内。

本研究通过对愈伤组织生长状态和褐化率的观察和统计，认为冰草幼穗愈伤组织的筛选浓度范围以 3.0~4.0mg/L 较为适宜。在转化中采用梯度选择的方法，由较低的选择压到较高的选择压。首次选择用 3.0mg/L，第二次用 4.0mg/L 进行选择（表 4-2）。

2. 成熟胚愈伤组织对除草剂的敏感性测定

由表 4-2 看出，在无 Glufosinate 的培养基上愈伤组织生长正常。培养 10d 后，在 Glufosinate 浓度为 3.5mg/L 的培养基上幼穗愈伤组织开始变褐，增值缓慢；在浓度为 4.0mg/L 时，愈伤组织褐化不再继续增值。培养 20d 后，在 Glufosinate 含量为 3.0mg/L 的培养基上，愈伤组织变褐增殖缓慢；在浓度为 3.5mg/L 时，愈伤组织褐化不再继续增值，但尚不能达到完全致死的程度；当 Glufosinate 含量达 4.0mg/L 以上时愈伤组织完全变褐死亡。培养 30d 后，愈伤组织在 Glufosinate 含量为 2.0mg/L 的培养基上变褐不再继续增值，当 Glufosinate 含量高达 3.0mg/L 时愈伤组织完全变褐死亡。可见冰草成熟胚愈伤组织对除草剂 Glufosinate 较为敏感，因此 Glufosinate 较适合作为成熟胚愈伤组织的选择剂。当愈伤组织在 Glufosinate 含量为 2.0mg/L 的培养基上培养 30d 后不再继续增值，表现出对除草剂的初步反应。因此本研究将成熟胚愈伤组织的初步筛选压确定为 2.0mg/L，20 d 后将筛选压升为 3.0mg/L。

表 4-2　冰草愈伤组织对 Glufosinate 敏感性测定

外植体	观察天数（d）	浓度（mg/L）褐化程度					
		0	1.0	2.0	3.0	3.5	4.0
幼穗	10	+++	+++	+++	++-	++-	++-
	20	+++	+++	++	++-	+--	---
	30	+++	+++	++	+--	---	---
成熟胚	10	+++	+++	+++	++-	++-	+--
	20	+++	++	++-	+--	---	---
	30	+++	++	+--	---	---	---

注：+++表示生长正常；++，++-，+--表示生长衰弱；---表示死亡。

二、转化后愈伤组织恢复培养时间的确定

观察了恢复培养时间分别为 0d、3d、5d、7d 4 种不同情况下被基因枪轰击的冰草愈伤组织的生长情况（表 4-3）。结果表明，不经过恢复培养的愈伤组织在含除草剂的培养基上褐化率为 41%，可能是与金粉用量较大（每枪用量 500μg）有关。恢复培养时间越长愈伤组织褐化率愈低，但是外源基因的整合及表达需要一定时间，而恢复培养时间太长又会降低筛选效率。由于恢复培养 5~7d 后愈伤组织生长褐化率差异不大，本研究采用 5d 的恢复培养时间。

表 4-3　转化后愈伤组织恢复培养情况

恢复培养时间（d）	0	3	5	7
愈伤组织褐化率（%）	41	28	23	21

三、基因枪转化后的愈伤组织抗性筛选、分化及再生

1. 以成熟胚为外植体的愈伤组织抗性筛选、分化及再生

愈伤组织经过基因枪微弹轰击后，组织细胞受到了不同程度的损伤，需要在愈伤恢复培养基上自我恢复一段时间。恢复时间的长短可依据愈伤组织受损伤程度而定，若愈伤被轰击次数多，愈伤组织细胞损伤程度严重，可多恢复一段时间，使转化细胞得到恢复；但也不可时间太长，否则，转化细胞将被非转化细胞所吞噬。本研究中，愈伤组织的恢复时间约为 5d。

经过恢复培养的愈伤（图 4-2 A）转到含有 2.0mg/L 的除草剂愈伤筛选培养基上，筛选 20d。然后转入含有 3.0mg/L 的除草剂愈伤筛选培养基上，再筛选 20d，部分非转化细胞将被筛死，这样可得到抗性愈伤。

将这些抗性愈伤组织转入分化筛选培养基中，在分化筛选培养基中可以适当降低培养基中除草剂的浓度（0.5~1.0mg/L），这样有利于愈伤组织的分化。在分化筛选培养基上放置 5~6 周出现绿芽（图 4-2 B，C）。

当愈伤组织分化出苗且叶片长到 3~4cm 时，将其转入生根培养基中。1~2 周后，根长 3~4cm，苗高 6~8cm（图 4-2 D，E），炼苗 1~2d 后将其移栽到灭菌的蛭石和草碳土（1∶1）的花盆中（图 4-2 F）。

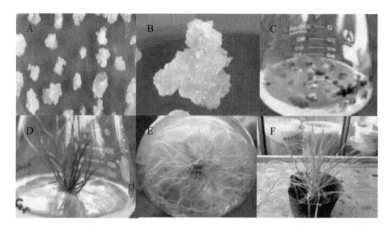

A—愈伤组织经基因枪轰击后在诱导筛选培养基中；
B—在分筛选化培养基中将要分化的愈伤组织；
C—愈伤分化出绿芽；
D—转化后的再生小植株；
E—再生小植株的生根情况；
F—移栽后的植株生长情况。
图 4-2　冰草成熟胚愈伤组织基因枪转化组培再生过程

2. 以幼穗为外植体的愈伤组织抗性筛选、分化及再生

基因枪转化冰草幼穗愈伤组织后（图 4-3 A），恢复 1 周，转移至愈伤筛选培养基上进行愈伤组织选择培养。由于愈伤组织分化呈现分散性和长期性，因此在分化筛选期间，非转化愈伤组织生长缓慢，逐渐褐化而停止生长至死亡；有些非转化愈伤组织有时也会分化出绿芽，但不久就死亡。转化愈伤组织表面产生乳白色的抗性愈伤组织并伴随着分化的发生（图 4-3 B，C），再生成苗（图 4-3 D），整批愈伤的分化持续约 3 个月时间。而非转基因植株在抗性筛选培养基中不能成活。将长到 2cm 的小苗转到生根培养基上，7 d 后可长出细根（图 4-3

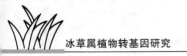
E）。当根长到 3~4cm，苗高 6~8cm 时，炼苗 1~2d 后将其移栽到花盆（图 4-3 F）。

A—愈伤组织经基因枪轰击后在诱导筛选培养基中；
B—在分筛选化培养基中将要分化的愈伤组织；
C—愈伤分化出绿芽；
D—转化后的再生小植株；
E—再生小植株的生根情况；
F—移栽后的植株生长情况。
图 4-3 冰草幼穗愈伤组织基因枪转化组培再生过程

四、基因枪转化条件的优化

质粒 DNA 的贮存浓度在枪击前调至 1μg/μL，有利于制备微粒子弹时的 DNA 取样本研究质粒 DNA 与金粉形成复合体的比例：金粉的用量为 500μg/ 枪，DNA 的用量为 0.8μg/枪，二者的比例接近于 600：1。

质粒 DNA 的纯度和浓度是影响转化率的重要参数之一。

PDS-1 000/He 型基因枪一般每枪用 0.75~1 μgDNA。

亚精胺最好现用现配，或者储于 –20℃冰箱中（时间不超过 1 个月）。如保存条件欠佳或保存时间过长，亚精胺会发生降解，从而影响 DNA 吸附于金属微粒表面的能力。

在植物材料的转化中，微粒子弹载体的选择视受体材料而定。如悬浮细胞一般是 900 psi，胚性愈伤组织为 1 100 psi，成熟胚、幼胚一般以 1 300 psi 为好。此外，可裂圆片的规格应与微粒子弹载体对应。

第三节　讨　论

一、受体材料的选择

在选用基因枪轰击受体材料时，国内外的研究多以胚性愈伤组织、由胚性愈伤组织或悬浮细胞系分离出的原生质体作为受体，进行胚性悬浮培养和细胞悬浮培养；其中常以幼胚、成熟胚或幼穗为外植体诱导愈伤，挑选胚性的愈伤直接作为转化受体或再进行悬浮培养。悬浮培养有利于胚性愈伤组织的增殖，即可提供大量的胚性转化受体，又能在继代培养中保持较好的分化能力，并有利于后代的遗传分析。但这种方法的缺点是基因型和外植体对优质悬浮培养体系的建立影响较大，周期长且悬浮系的建立常常依赖于经验，植株再生能力的保持较为困难。本研究建立了以冰草成熟胚和幼穗为外植体的愈伤组织诱导及再生的遗传转化体系，可加速遗传转化的进程。

受体材料的生长状态是影响基因枪转化率的一个关键因

素。实验中发现选择生长速度快、比较致密的愈伤组织作为受体材料，其耐受力增加，可有效减轻基因枪轰击对其造成的伤害；而疏松的愈伤组织耐受力差，受伤害程度大，导致植株再生频率和遗传转化率下降。

二、高渗处理对转化的影响

有些文章中提到基因枪转化之前应用甘露醇进行高渗处理可以提高转化效率，但处理时间和浓度不尽相同。梁辉等对小麦幼胚愈伤组织设计不同的甘露醇浓度，预处理不同时间，结果发现在轰击前 6h 和轰击后 18h，将愈伤组织置于含 0.5mol/L 甘露醇的 MS 培养基中高渗处理，会提高外源基因的瞬时表达量，并增加愈伤组织的分化频率，最终提高基因的转化效率。徐琼芳等在转化前 4h，将小麦愈伤组织转移到高渗透压培养基上（附加 0.6mol/L 甘露 +0.6mol/L 山梨醇），基因枪轰击后，愈伤组织在高渗培养基上避光培养 16h，然后转到原培养基上培养，得到 GNA 转基因小麦植株。王鸿鹤等采用香蕉（Musa spp.）的薄片外植体作为转化受体，通过对 Gus 基因瞬间表达的研究，找出了较适合的轰击条件和外植体培养条件，研究表明，高渗处理对转化的影响较大，轰击前后对外植体进行高渗处理的瞬间表达率是对照的 3.86 倍。

高渗处理影响的原因在各文章已有提及，但还不十分清楚。可能是因为细胞在高渗条件下发生了质壁分离，从而减少了在微弹穿孔时细胞质渗漏，提高了细胞的生存力。有人提出 DNA 的稳定整合似乎发生在大部分含微弹并存活 48h 的细胞当中，因此，转化细胞的存活率成为转化成功的限制因素，而高渗处理将有利于转化细胞的有效恢复。但高渗处理应掌握处理的合适浓度及时间，因为处理时浓度低、时间短，不能很好地起到处理作用；而浓度高、时间长将使细胞的质壁分离不可恢复，造成细胞死亡。

由于条件限制，本试验在基因枪转化前没有对转化材料采取高渗处理，今后的转化中需加以研究。

三、冰草的遗传转化方法

已用于牧草基因转化并获得转基因植株的方法主要有：将DNA直接转移导入原生质体，如高羊茅、紫羊茅、匍匐剪股颖、多年生黑麦草和多花黑麦草；硅碳纤维漩涡介导法，农杆菌介导法，基因枪轰击法等。迄今为止，禾本科牧草转基因植株的成功报道大多采用基因枪转化实现，而国内外尚无冰草遗传转化的成功报道。本研究将脯氨酸合成酶基因 $P5CS$ 用PDS1000/He 基因枪导入了在内蒙古地区有一定面积并具推广前景的优良牧草蒙农杂种冰草及其属内的其他种（品种），如蒙古冰草新品系、航道冰草、诺丹冰草，均获得转基因植株，初步建立了冰草遗传转化体系，为冰草属植物种质的基因工程改良和其他禾本科牧草基因转化提供参考。

近年来，农杆菌介导法转化禾本科单子叶植物的技术趋于成熟，在小麦、水稻、玉米等作物，高羊茅、狗牙根、黑麦草、结缕草等牧草或草坪草上均有成功报道。今后可探索农杆菌介导法转化冰草，选择适宜的农杆菌菌株、侵染时间、筛选剂及筛选压等。

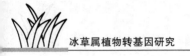

四、基因枪转化影响因素

1.金粉用量

在基因枪轰击金粉用量上，不同作者的结论差异较大。张艳贞等在探讨玉米基因枪法的转化效率时，认为金粉用量是直接关系基因枪转化效率的主要因素，将金粉用量减半（300μg/枪），获得了理想的效果。Brettschneider R D（1997）的报道将金粉用量减少到30μg/枪，获得了转基因植株。安海龙等研究了不同金粉用量对小麦幼胚瞬间及稳定转化频率的影响，结果表明此实验系统的金粉用量以每枪500μg金粉为佳。根据以上报道，本试验的金粉用量确定为500μg/枪。

2.轰击距离和压力

轰击距离较近时，金粉轰击靶细胞的速度过大，会给愈伤组织的细胞带来较大的伤害，从而影响到转化效率。距离较远时，金粉速度过小，不易穿透细胞壁，外源基因不能进入细胞当中，也会影响转化效率。

基因枪轰击的距离和压力共同决定微弹运行的速度和进入靶组织的深度。基因枪轰击的距离和压力不仅决定微弹运行的速度，而且在微弹分散的范围和分散程度上起重要作用。轰击压力越大、轰击距离越短时，中间与外围（相对而言）的微弹密度差异越大，即中间密度大，外围密度小。研究表明，当轰击的距离为12cm时，金粉分散最均匀，内外密度差异小。本研究采用PDS100/He型高压氦气基因枪，轰击距离12cm，轰击压力（由可裂圆片控制）1 300psi是较为合理的。

3. 轰击次数

基因枪轰击次数的增加能有效地提高转化植株再生率，可能原因是轰击次数的增加使外源基因进入细胞的可能性增大，使受体愈伤组织在筛选培养基中较易存活。在基因枪转化系统优化的研究中，已有轰击 2 次的报道（魏松红，2001），但其效果尚需进一步研究。本研究也尝试过 2 次轰击，但结果并不理想。轰击 2 次后绝大多数愈伤组织褐化死亡，原因是连续轰击 2 次间隔时间太短，没有给靶材料足够的时间恢复创伤。许多实验室采用第一次轰击后恢复培养 7~14d 再进行第二次轰击，效果较为理想。

在基因枪的转化当中，金粉浓度、基因枪轰击靶细胞的射击距离、轰击次数都是影响转化率的因素，此外许多研究表明，DNA 浓度、氦气压力、微弹速度、微弹大小等多种因素对转化都有影响，要多方面联系起来。因此寻找基因枪转化的优化参数在今后的研究中仍需进一步探索。

五、恢复培养对转化率的影响

受体材料被轰击后会造成不同程度的损伤，因此需要恢复培养以修复损伤。过早进行筛选，外源基因转化尚未完成；过迟进行筛选，未转化的细胞可能逃脱而成活。利用基因枪法转化，视外植体被轰击所受损伤程度而定，一般恢复 3~7d，最长 15d 即可进行筛选。我们在研究中发现，冰草愈伤组织恢复培养的时间 5d 最为适合。

六、共转化

利用转基因技术进行植物遗传改良已成为一种有效的育种途径，将优良的外源基因导入育种材料，可望培育有生产价值的转基因作物（牧草）新品种。随着植物遗传工程的发展，已经产生了大量具有人们所期望性状的农作物。近几年来，转基因作物商品化生产和小规模田间释放不断增加，转基因作物的安全性问题日益受到人们的重视，其可能导致的潜在生态风险性成为人们关注与争论的焦点，这些问题主要由于抗生素或除草剂抗性的选择标记基因存留于转基因植物中引起的。安全性评估部门已报道，使用新霉素磷酸转移酶（npt Ⅱ）作为选择标记基因不存在健康或安全方面的问题，然而除草剂（*bar*）基因的漂流问题（如防止产生恶性杂草等）已引起人们的重视。当 *bar* 基因只作为筛选基因而不是目的基因时，应当尽量去除 *bar* 基因。

共转化方法作为一种剔除标记基因方法不需要附加的选择标记或切除系统，相对来说比较简单，但需后代植株经过有性杂交及减数分裂过程，目的基因和选择标记基因才能被分开，花费时间较长，不适合于马铃薯、甘蔗等无性繁殖植物的转化。此外，共转化的效率必须相当高，并且共转化的 DNA 整合在染色体组的非连锁位点上。将目的基因和选择标记基因分别克隆到 2 个不同的质粒载体上，基因枪转化后他们可能整合到植物不同染色体或同一染色体的不同位置上，在减数分裂过程中，标记基因和目的基因将发生分离，从而可以剔除选择标记基因，通过 PCR 检测可以筛选到只含目的基因而不含标记基因的转基因植株。无标记的转基因植物的获得消除了生物安全性带来的疑虑，这种策略（无标记）有着巨大的应用潜力。另一途径是将某些抗性基因转移到叶绿体或线粒体基因组中去，而不是转移到核基因中去，这样就可以避免由于花粉的途径，将抗性基因传播到近缘种属的杂草中去。

本研究所用的共转化法是将目的基因和报告标记基因分别克隆于两个载体质粒中，一起导入受体，然后可以在分离世代中将仅作为筛选标记的报告基因分离出去，从而增加转基因植株的安全性。具体来说，就是利用基因枪技术采用共转化法将目的基因 *CBF4* 和 *bar* 基因或 *P5CS* 基因和 *bar* 基因导入冰草，在转基因植株分离后代中，针对目的基因和 *bar* 基因分别设计不同引物，通过 PCR 扩增筛选只有目的基因而没有报告标记基因的转基因植株，为转基因植株的产业化消除隐患。利用共转化法还能进行多个基因的同时转化，这对改良冰草品种将产生十分深远的影响。

第四节　小　结

一、愈伤组织对除草剂的敏感性测定

通过设置不同浓度的除草剂，分别对冰草幼穗和成熟胚愈伤组织生长状态和褐化率的观察和统计，分别确定出幼穗和成熟胚愈伤组织除草剂筛选浓度。幼穗愈伤组织先采用 3.0mg/L 筛选，升为 4.0mg/L 进行筛选，成熟胚愈伤组织则先用 2.0mg/L 筛选，继代培养时提高到 3.0mg/L 筛选。

二、转化后愈伤组织恢复培养时间的确定

通过观察恢复培养时间分别为 0d、3d、5d、7d 4 种不同情况下被轰击的冰草愈伤组织的生长情况，确定出本研究最佳恢复培养时间为 5d。

三、冰草基因枪转化

1. 基因枪转化条件

金粉用量确定为 500μg/ 枪。轰击距离 12cm，轰击压力 1 300psi 是较为合理的。轰击次数为 1 次。

2. 冰草基因枪转化程序（图 4-4）

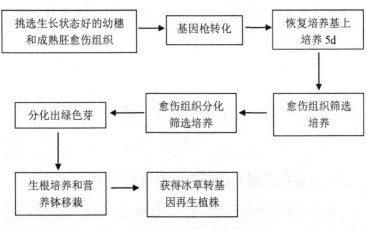

图 4-4　冰草基因枪转化程序

第五章

转基因冰草的检测

第一节　转基因冰草的分子检测

一、实验材料

基因枪轰击法获得的转基因冰草植株。

二、实验方法

1. PCR 检测

（1）SDS 法提取植物总 DNA（小量法）。

提取液配制：4mL Tris-Cl（1M，pH=8.0）

　　　　　　1mL EDTA（0.5M，pH=8.0）

　　　　　　1.25mL NaCl（4M）

　　　　　　1mL SDS（10%）

　　　　　　0.2mL β - 巯基乙醇（1%）

　　　　　　加水至 20mL，室温保存。

操作步骤：

①取 0.5g 或 1~2g 植物组织（盆栽植株叶片或整株组织培养苗），置于灭过菌的 1.5mL Eppendorf 离心管中，加入提

取液研磨成粉末（注意：样品加入提取液前不要使冰冻的植物组织融化）。

②加入 600μL 新配制的提取液，在涡旋器上震荡摇匀。

③65℃温浴 20min，期间不断颠倒混匀。

④各加入 1/2 等体积的酚：氯仿 / 异戊醇，混匀。

⑤12 000r/min 离心 5min，将上清液移至离心管中，加入等体积的氯仿 / 异戊醇，12 000r/min 离心 5min。

⑥将上清转入另一灭过菌干净的 1.5mL Eppendorf 离心管中，加入 2/3 体积的异丙醇，混匀，–20℃沉淀 10min。

⑦12 000r/min 离心 10min，弃上清液。

⑧加入 70% 的乙醇冲洗两次，再用无水乙醇冲洗一次。

⑨吹干或自然风干后（不可太干，否则影响溶解），溶于 50μL 无菌水（可加入 Rnase 100mg/mL），在 37℃放置 1h 以除去 RNA。

（2）PCR 电泳检测。

①引物序列。

CBF4 引物：

5′ primer：AAT GAA TCC ATT TTA CTC TAC

3′ primer：ATT ACT CGT CAA AAC TCC AGA GTG

扩增产物为 667bp。

bar 引物：

5′ primer：TCC ATG AGC CCA GAA CGA CGC

3′ primer：ACC TAA ATC TCG GTG ACG GGC

扩增产物为 530bp。

P5CS 引物：

5′ primer：TGCTCGTATCAGTGCTCAGCC

3′ primer：-ACTAATTCCAACCTCTGCGCC

扩增产物为 2 100bp。

②PCR反应体系与扩增程序。

bar 基因：

PCR反应体系（25μL）

植物基因组DNA（模板）1μL

primer5′（10pmol/μL）　　1μL

primer3′（10pmol/μL）　　1μL

Buffer（含 $MgCl_2$）　　　2.5μL

dNTP（10mmol/L）　　　1μL

Taq DNA polymerase　　0.5μL

ddH_2O　　　　　　　　18μL

PCR扩增程序

95 ℃，7min；94 ℃，1min；58 ℃，1min；72 ℃，1min；72℃，5min；35个循环。

*CBF*4 基因：

PCR反应体系（25μL）

植物基因组DNA（模板）　1μL

primer5′（10pmol/μL）　　1μL

primer3′（10pmol/μL）　　1μL

Buffer（含 $MgCl_2$）　　　2.5μL

dNTP（10mmol/L）　　　1μL

Taq DNA polymerase　　0.5μL

ddH_2O　　　　　　　　18μL

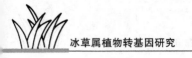

PCR 扩增程序为：

95℃, 7min ; 94℃, 1min ; 58℃, 1min ; 72℃, 1min40s ; 72 ℃, 5min ; 30 个循环。

P5CS 基因：

PCR 反应体系（25μL）

植物基因组 DNA（模板）	2μL
primer5′（10pmol/μL）	1μL
primer3′（10pmol/μL）	1μL
Buffer（含 MgCl₂）	2.5μL
dNTP（10mmol/L）	1μL
Taq DNA polymerase	0.5μL
ddH₂O	17μL

2. RT-PCR 检测

（1）冰草总 RNA 提取与纯化。采用 TRIZOL Reagent（Invitrogen）提取总 RNA，操作过程如下：

① 取 0.1g 左右的冰草嫩叶在液氮中研磨至细粉。

② 加入 1mL TRIZOL 提取液混合均匀，室温放置 5min。

③ 加入 200μL 新鲜氯仿，剧烈振荡 15s，冰浴 10min。

④ 12 000r/min 离心 15min，弃沉淀，吸取上清液（500~600μL）至新管。

⑤ 加入 500μL 异丙醇，室温下放置 10min。

⑥ 12 000r/min 离心 10min，弃上清液，用 70% 乙醇冲洗沉淀两次，7 500r/min 离心 2min。

⑦ 于超净工作台上吹干，溶于 DEPC 处理过的 ddH₂O 50μL，60℃ 温浴 5min。

⑧ 取 5μL 在 0.8% 的琼脂糖凝胶中快速电泳（5~6V/cm）检测所获总 RNA 的完整性。

⑨ 于 –20℃保存待用。

（2）消化反应（总 50μL）。全 RNA 30μL，10 × DNaseI buffer 5μL，DNaseI（Rnase-free 5μg/μL）2μL，RNase Inhibitor（40μg/mL）0.5μL，DEPC ddH$_2$O 12.5μL，37℃反应 30min。

（3）纯化 RNA。

① 加入 50μL 的 DEPC ddH$_2$O。

② 加入 100μL（等量）的酚：氯仿：异戊醇（25：24：1），充分混匀。

③ 12 000r/min，15min，移上层（水层）至新管。

④ 加入 100μL（等量）的氯仿 / 异戊醇，充分混匀。

⑤ 12 000r/min，15min，移上层（水相）至另一新管。

⑥ 加入 10μL（1/10 的量）的 3M KAc（pH=5.2）。

⑦ 加入 250μL（2.5 倍量）冷无水乙醇，–20℃放置 30~60min。

⑧ 离心回收沉淀，用 70% 的冷乙醇清洗沉淀，12 000r/min，10min，真空干燥。

⑨ 15μL/20μL DEPC 处理水溶解，65℃，5min，电泳确认。

（4）反转录。反转录采用 ThermoScript RT-PCR System（Invitrogen），操作过程如下（半量法）：

① 取一灭过菌的离心管加入如下溶液：

RNA 1μL，OligodT 引物 0.5μL，dNTP（10mM）1μL，

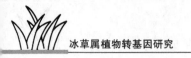

DEPC-ddH$_2$O 3.5μL，总体积 6μL。

② 65℃保温 5min，冰浴或立即放到 –20℃。

③ 在上述离心管中添加：5×Buffer 2μL，DTT（0.1M）0.5μL，RNase OUT 0.5μL，DEPC-ddH$_2$O 5.5μL，反转录酶 0.5μL，总体积 10μL。

④ 50℃保温 60min。

⑤ 85℃保温 5min。

⑥ 于 –20℃保存用于 PCR。

注：所用的试剂皆无 RNA 酶污染。

（5）PCR 反应体系与扩增程序。

同 PCR，PCR 后进行产物电泳分析。

3. Southern 检测

（1）CTAB 法大量提取冰草总基因组 DNA。

3×CTAB/L 提取液配制：

1M Tris-HCl（pH=8.0）142mL，30%CTAB 100mL，4M NaCl 500mL，0.5EDTA 58mL，ddH$_2$O 200mL。高压灭菌后使用。

① 切取 3~10g 新鲜的幼叶，在适量的液氮中彻底研磨成粉末状。

② 将研磨好的样品转移至 50mL 离心管中（可分为 2~3 管），加入 3~4 倍体积提取液，提取液需预热 65℃。

③ 65℃水浴 1h，期间轻轻上下巅倒离心管，混匀管内物质。

④ 然后将离心管转入室温，冷却数分钟。

⑤ 加入等体积氯仿：异戊醇（24:1），轻轻混匀，6 000r/min

离心 10min。

⑥ 取上清液转入干净的离心管中，加入等体积氯仿：异戊醇（24：1），轻轻混匀，6 000r/min 离心 10min。（必要时可抽提 3 次）。

⑦ 取上清液，加入预冷的等体积异丙醇，轻轻混匀，室温沉淀 DNA。

⑧ 待出现絮状沉淀，用干净的细玻璃棒（或枪头）将絮状沉淀挑至干净的 2 mL 离心管中，加入无水乙醇洗涤。

⑨ 洗涤后离心使 DNA 沉淀或自然沉淀，将无水乙醇吸出，吹干或自然风干 DNA。

⑩ 加入适量 ddH_2O（加 Rnase 酶）溶解沉淀 DNA。电泳检测 DNA 质量。（注意：Southern 需要的 DNA 要十分干净）。

（2）基因组 DNA 的完全酶切。

① 吸取约 100μg 基因组 DNA，加入约 200U 选定的内切酶，在 200μL 酶切反应体系中完全酶切。内切酶分两次加入，先加 100U，待酶切过夜后再加入另 100U，直至完全酶切（取 5~10μL 酶切产物电泳检测，如果酶切完全应呈均匀的"搓板状"；如果酶切不完全，增大反应体系，补充加酶）。

② 加入 0.6 倍体积的异丙醇（含 15 mmol/L 醋酸铵，pH=7.5），放置 2~3h。12 000r/min 离心 10min，弃上清液，75% 乙醇冲洗两次，干燥后溶于 50μL ddH_2O 中。

（3）Southern 电泳。

① 配制 0.8% 的琼脂糖凝胶，将完全酶解的基因组 DNA 及 DNA marker 点入凝胶电泳孔中，在 1×TAE 电泳缓冲液中，1V/cm 电压下电泳。

② 电泳后紫外灯下检查电泳和酶切效果，并记录 DNA marker 的位置。

（4）探针标记。

① 质粒 DNA 经 PCR 扩增后，用凝胶回收试剂盒回收扩出的片段。回收后，用紫外分光光度计测其 260nm 处的 OD 值，具体公式：测值（260nm）× 50 × 稀释倍数，计算质粒 DNA 浓度（单位为 µg/mL、ng/µL）。取模板 DNA（线性或超螺旋）1µg，加 ddH$_2$O 至终体积 16µL。

② 在沸水浴中变性 10min，迅速移至冰浴（注：完全变性对于高效率的标记是非常必要的）。

③ 充分将 DIG-High Prime（Vial1）混匀，取 4µL 加到模板中，混匀后低速离心，37℃温育 1h 至过夜。（长时间温育至 20h 将增加标记探针的产量）。

④ 65℃加热 10min 终止反应。

（5）胶的变性处理。

所需试剂：

变性液：1.5mol/L NaCl，0.5mol/L NaOH。

中和液：1mol/L Tris-Cl（pH=8.0），1.5mol/L NaCl。

转移液：（20 × SSC）3mol/L NaCl，0.3mol/L 柠檬酸钠（pH=7.0），将其稀释为 10 × SSC 使用。

① 电泳后的凝胶，切除多余的胶边，并切一角以标明方向。

② 在变性液中于脱色摇床上摇动 0.5h，然后用蒸馏水冲洗 3 遍。

③ 在中和液中于脱色摇床上摇动 0.5h，期间更换一次中

和液，再用蒸馏水冲洗，开始转膜。

（6）转膜（转移用真空转移）。

① 先在塑料膜上剪切一个窗口，窗口至少应比用于转膜的凝胶每个边小 0.5 cm。

② 剪切同样大小的一块尼龙膜和一张滤纸，它们每个边应比塑料膜上的窗口大 0.5 cm。

③ 将滤纸在 10 × SSC 中浸湿，然后平铺于塑料膜的窗口正下方，再将尼龙膜依次平铺于滤纸上，它们从上到下的次序是塑料膜，尼龙膜，滤纸。然后轻轻滚动一个玻璃棒，将塑料膜、尼龙膜、滤纸之间的气泡赶出。

④ 将变性后的凝胶，点样孔朝上置于塑料膜的窗口正上方，轻轻滚动一个玻璃棒，将凝胶和塑料膜间的气泡赶出。

⑤ 放置封闭框，并将其置于锁定状态，缓慢加入 10 × SSC 转移液，使其淹没凝胶，不能有漏液现象，这时可将真空转膜仪的盖子盖上。

⑥ 开启真空泵，调压力计指针于 5，转膜 2.5~3.0 h。

⑦ 移去转移液和胶，取出尼龙膜，用 2 × SSC 漂洗一下，在紫外胶连仪 254 nm 紫外光下照射 4~5 min，取出后放在干燥的滤纸之间。

⑧ 置于 37℃ 恒温箱中干燥。

（7）杂交。DIG Easy Hyb 工作液的配制：从试剂盒中取出瓶 7（粉末），分两次共 64 mL ddH$_2$O 加入到瓶 7 中（它的体积会胀至 100 mL），充分溶解（可在 37℃ 中帮助溶解）。

杂交过程：

① 将合适体积的杂交液 DIG Easy Hyb（10 mL/100 cm^2

99

filter）预热至 37~42℃，在杂交袋中杂交 30min，轻轻摇动（膜能够自由移动）。

② 将标记的探针沸水变性 5min（1mL 杂交液中加入 5μL 的探针，在离心管中进行）后迅速冰浴。

③ 将变性的探针加到预杂交后的杂交袋中（杂交袋中的杂交液不用挤出）浑匀。赶出气泡（杂交袋置 40℃）轻轻摇动，孵育 4hr 至过夜。

④ 杂交液的存储：含有探针的杂交液挤出后存储在 –25~ –15℃ 中，可重复使用，但每次使用前要变性（68℃，10min）。

⑤ 杂交后洗膜：在 15~25℃，用 2×SSC，0.1%SDS 洗两次，每次 5min，连续搅动；在 65~68℃预热，用 0.5×SSC，0.1%SDS 洗两次，每次 15min，不停搅动。两种混合液，现配现用 2×SSC 99mL+10%SDS 1mL，0.5×SSC 99mL+10%SDS 1mL。

（8）免疫学检测。所需溶液：

洗液：0.1M 马来酸，0.15M NaCl；pH=7.5（20℃），0.3%（V/V）Tween20。

封闭液：10× 封闭液（Vial6）1∶10 马来酸缓冲液。

马来酸缓冲液：0.1M 马来酸，0.15M NaCl；固体 NaOH 调节 pH=7.5（20℃）。

检测缓冲液：0.1MTris-HCl，0.1M NaCl，pH=9.5（20℃）。

操作步骤：

① 在洗液中洗膜 1~5min。

② 在 100mL（10mL10× 封闭液＋90mL 马来酸缓冲液）

封闭液中孵育 30min。

③ 在 10mL 抗体溶液中孵育 30min（在杂交袋中进行）。抗体溶液：从配好的 100mL 封闭液中取出 10mL，然后加入抗体（Vial4）1μL，加时一定要加在液面以下摇匀。（注意：Vial4 一定在 4℃保存）。

④ 在 100mL 洗液清洗两次，每次 15min。

⑤ 在 100mL 检测缓冲液中平衡 2~5min。

⑥ 将点有 DNA 一面的膜朝向杂交袋，加 CSPD（Vial5）1.0mL，立即将膜覆盖，排尽气泡。CSPD 在 4℃保存（暗处）。

⑦ 15~25℃孵育 5min。

⑧ 将剩余液体挤出，封闭杂交袋的边缘。

⑨ 在胶片上曝光，（时间不限），发光至少可持续 48h。曝光于暗室中进行。

先将片子覆盖在膜上，盖上曝光盒，一定时间后，取出在显影液中使其显影，然后用水漂洗，放在定影液中。显影操作在暗处（红光下）进行，待片子放入定影液后方可打开灯。片子一定要在黑暗处保存。

三、结果与分析

1. 转基因冰草植株 PCR 检测

（1）转 bar 基因冰草植株 PCR 检测。以转基因冰草植株基因组 DNA 为模板，用 bar 基因引物进行 PCR 检测，转基因植株可扩增得到约 530bp 的 bar 基因特异片段（图 5-1），与阳性对照扩增结果一致，阴性对照没有特异性扩增产物，初步表明 bar 基因已整合到冰草基因组中。

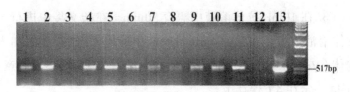

1~11—部分转基因植株；12—阴性对照；13—阳性对照。
图 5-1　转 *bar* 基因冰草植株 PCR 检测

（2）转 *CBF4* 基因冰草植株 PCR 检测。以转基因冰草植株基因组 DNA 为模板，未转化蒙农杂种冰草为阴性对照，质粒 HpBPC-CBF4 为阳性对照，用 *CBF4* 基因引物进行扩增。图 5-2 电泳结果表明，所获得的部分转化再生植株与阳性对照质粒均能扩增出 670bp 左右的 *CBF4* 基因特异带，而未转化植株没有扩增出该特异带，初步证明目的基因 *CBF4* 已整合到冰草基因组中。

（3）转 *P5CS* 基因冰草植株 PCR 检测。以转基因冰草植株基因组 DNA 为模板，用 *P5CS* 基因引物进行 PCR 检测。由图 5-3 看到，转基因植株可扩增得到约 2 100bp 的特异带，与阳性对照质粒 pBPI-P5CS 扩增结果一致，阴性对照没有特异

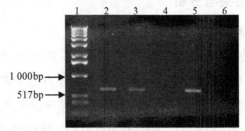

1—Maker；2~4—转化植株；5—阳性对照；6—阴性对照。
图 5-2　转 *CBF4* 基因冰草植株 PCR 检测

性扩增产物，初步表明 *P5CS* 基因已整合到受体基因组中。

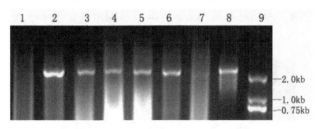

1~6—部分转基因植株；7—阴性对照；8—阳性对照；9—DL2000。

图 5-3 转 *P5CS* 基因冰草植株 PCR 检测

2. 转基因冰草植株 RT-PCR 检测

（1）转基因冰草植株总 RNA 的提取。取转基因冰草植株嫩叶，用 TRIZOL 提取总 RNA，图 5-4 为总 RNA 的快速电泳检测，结果显示了所获得的总 RNA 的完整性。

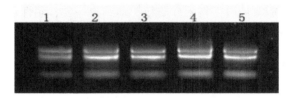

1~4—部分转基因植株；5—阴性对照。

图 5-4 转基因冰草植株总 RNA

（2）转 *bar* 基因冰草植株 RT-PCR 检测。以纯化的 mRNA 为模板，用 OligodT 为引物进行反转录。以反转录获得的 cDNA 为模板，用 *bar* 基因引物进行 PCR 扩增，获得了特异性扩增产物。图 5-5 显示了 *bar* 基因特异性扩增产物的电泳结果，转化植株总 RNA 反转录后经 PCR 扩增得到 500bp 左右的

103

DNA 片段，与阳性质粒扩增结果一致，阴性对照没有特异性扩增产物，表明外源基因 *bar* 在冰草基因组的转录水平表达。

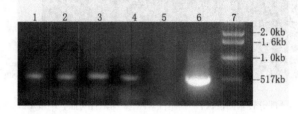

1~4—部分转基因植株；5—阴性对照；6—阳性对照；7—1kb Marker。
图 5-5　转 *bar* 基因冰草植株 RT-PCR 检测

（3）转 *CBF4* 基因冰草植株 RT-PCR 检测。以纯化的 mRNA 为模板，用 OligodT 为引物进行反转录。以反转录获得的 cDNA 为模板，用 *CBF4* 基因引物进行 PCR 扩增。从图 5-6 看到，转化植株总 RNA 反转录后经 PCR 扩增得到 700bp 左右的 DNA 片段，与阳性质粒扩增结果一致，阴性对照没有特异性扩增产物，表明目的基因 *CBF4* 在冰草基因组的转录水平表达。

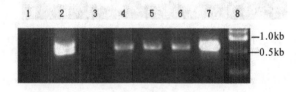

1—阴性对照；2~6—部分转基因植株；7—阳性对照；8—DL 8000。
图 5-6　转 *CBF4* 基因冰草植株 RT-PCR 检测

（4）转基因植株的 RT-PCR 检测。以纯化的 mRNA 为模板，用 OligodT 为引物进行反转录。以反转录获得的 cDNA 为模板，用 *P5CS* 引物扩增。由图 5-7 可知，转化植株总 RNA

反转录后经 PCR 扩增得到了 2 100bp 左右的 DNA 片段，与阳性质粒 pHBP5CS 扩增结果一致，阴性对照没有特异性扩增产物。RT-PCR 特异性扩增产物的获得表明目的基因 *P5CS* 在冰草基因组的转录水平表达。

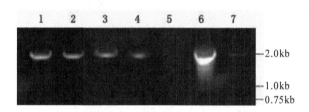

1~4—部分转基因植株；5—阴性对照；6—阳性对照；7—DL-2000。

图 5-7　转 *P5CS* 基因冰草植株 RT-PCR 检测

3.转基因冰草植株 Southern 检测

（1）转 *bar* 基因冰草植株 Southern 检测。图 5-8 中显示，基因组 DNA 经 EcoRI 完全消化产物与 DIG 标记的 *bar* 探针产生的杂交信号约为 1 500bp，与质粒 pBPI 经 EcoRI 完全消化后产生的杂交信号片断大小相同，而阴性对照没有杂交信号，表明已获得了转 *bar* 基因冰草植株。

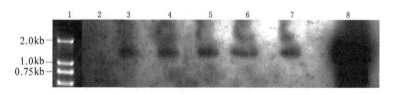

1—DDL2000；2—阴性对照；3~7—部分转基因植株；8—阳性对照。

图 5-8　转 *bar* 基因冰草植株 Southern 检测

（2）转 *P5CS* 基因冰草植株 Southern 检测。图 5-9 中 Southern 结果显示，基因组 DNA 经 EcoRI 完全消化产物与 DIG 标记的 *P5CS* 探针产生的杂交信号约为 3 100bp，与质粒 pBPI-P5CS 经 EcoRI 完全消化后产生的杂交信号片断大小相同，而阴性对照没有杂交信号，表明外源基因 *P5CS* 确已整合到冰草基因组中。

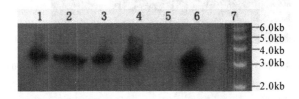

1~4—部分转基因植株；5—阴性对照；6—阳性对照；7—1kb Marker。

图 5-9　转 *P5CS* 基因冰草 Southern 检测

（3）转 *CBF4* 基因冰草植株 Southern 检测。由于获得的 *CBF4* 转基因冰草植株移栽较晚，没有足够的叶片进行基因组 DNA 的提取，无法开展 Southern 检测，将在下一步工作中继续进行。

4. 转基因冰草植株遗传转化率

将基因枪轰击后获得的转基因冰草植株进行 PCR 检测，分别统计 *CBF4* 基因和 *P5CS* 基因轰击愈伤组织数、抗性愈伤组织数、可分化的愈伤组织数、再生植株数、PCR 阳性植株数，从而计算遗传转化率。从表 5-1 得到，*CBF4* 基因遗传转化率为 5.6%，*P5CS* 的遗传转化率为 1.4%，*P5CS* 基因遗传转化率低的原因可能因为其重组质粒较大（分别为 6.8kb、

9.7kb），不利于外源 DNA 整合到受体基因组中。

表 5-1 基因枪轰击冰草愈伤组织的遗传转化率

目的基因	轰击愈伤数（块）	抗性愈伤数（块）	可分化愈伤数（块）	再生植株（株）	PCR阳性数（株）	遗传转化率（%）
CBF4	2 036	943	409	311	114	5.6
P5CS	15 238	7 466	2 913	2 034	213	1.4

第二节 转基因冰草的生理指标检测

一、实验材料和方法

1. 实验材料

PCR 检测为阳性的转 P5CS 基因冰草植株（97#，66#，19#）和未转基因冰草植株。

2. 实验方法

（1）实验材料的培养和处理。把 3 株阳性冰草植株（97 #，66 #，19#）和对照植株的每一株分成 3 份移栽到盛营养土、蛭石比为 4∶1 的塑料钵中（上口直径 × 下口直径 × 高为 20cm × 10cm × 20cm），放置于温室中，昼夜温度为 25~28℃，使其恢复生长 3 周。待苗完全恢复生长时，用含 NaCl 分别为 80 mmol /L、160 mmol/L、240 mmol/L 的盐水进行浇灌，为避免盐冲击效应，采用每天递增 1/4 浓度的方式加盐，每天浇灌一次，达终浓度后每 3 d 浇一次盐水。为减小 NaCl 浓度的变化幅度，浇灌量为土壤持水量。两周后取样分别进行各项指标的测定。

（2）相对含水量的测定。取冰草植株叶片，用自来水和无离子水冲洗干净，用吸水纸吸干表面水分，称鲜重后置105℃烘箱中杀青10min，转到80℃烘至恒重，称得干重，植物含水量按（鲜重－干重）/鲜重×100%计算。

（3）叶片质膜透性（相对电导率）的测定。在不同处理植株的相同部位取材，称0.2g，剪成大小均一的小块，加蒸馏水12mL在25℃，40r/min振荡4h，用DDS-307型电导率仪测定电导率C1；然后于沸水浴中加热15min，冷却后测其电导率C2，重复3次。叶片质膜透性用相对电导率表示，相对电导率=C1/C2×100%。

（4）Na$^+$、K$^+$离子含量的测定。参照Matsushita（1991）方法，将盆栽苗除去培养介质，迅速用自来水和去离子水冲洗，烘干后将材料研磨成粉末，称取20mg，加4mL去离子水于100℃沸水中煮沸2h，冷却后定容20mL，5 000g离心15min，上清液用于离子测定。空白对照为去离子水，重复3次。用日立Z-8000原子吸收光谱仪测定Na$^+$、K$^+$含量（单位：mg离子/g FW）。

（5）脯氨酸含量的测定。参照王守生方法，称取0.2g样品，放入大试管中，加7mL 3%磺基水杨酸，摇匀，置沸水浴中，盖上玻璃球，浸提10min（摇动1~2次），冷却至室温。分别吸取2mL浸提液、冰醋酸和酸性茚三酮至加塞试管中，摇匀，置沸水浴中，盖塞，显色60~75min（摇动7~9次）。冷却后，加入4mL甲苯，振荡2min，静置60～75min（轻轻震动

2~3 次，以震落甲苯表层弯月面托起的细小水珠)。用巴氏吸管吸取甲苯层至 0.5cm 比色皿中，在 520nm 波长下比色。

二、结果与分析

1. 盐胁迫对转基因冰草植株叶片相对含水量的影响

叶片相对含水量的变化能反映出植株耐盐性强弱，变化较大的植株耐盐性较弱，反之则植株的耐盐性较强。由图 5-10 可知，转基因冰草植株和阴性对照植株的叶片相对含水量都是随着盐胁迫浓度的增加而变小，但变化幅度不同，转基因冰草植株和对照植株在 80 mmol/L 和 160 mmol/L 浓度时叶片相对含水量变化幅度相差不大，它们之间最大分别相差了 4% 和 7% ；盐浓度增加到 240 mmol/L 时，它们之间的叶片相对含水量差异增大，达到了 24%。转基因植株叶片相对含水量的变化较之阴性对照叶片相对含水量的变化小，反映出转基因植株的保水能力高于阴性对照植株。

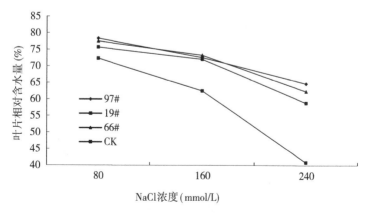

图 5-10　盐胁迫对转基因冰草植株叶片相对含水量的影响

2. 盐胁迫对转基因冰草植株叶片质膜透性的效应

细胞膜是活细胞和环境之间的界面与屏障，各种不良环境对细胞的影响往往首先作用于生物膜。一般说来盐胁迫处理后，耐盐品种细胞膜系统受损程度小，主要表现在细胞膜透性小；敏感品种细胞膜系统受损严重，表现为细胞膜透性大。本研究中，冰草在受到盐胁迫处理后，无论是转基因植株，还是阴性对照植株，细胞膜透性均随着盐浓度的增高而增加，但二者细胞膜透性增加的幅度存在明显差异（图5-11）。当盐浓度在 80~160 mmol/L 时，转基因冰草植株膜透性变化不大，接近对照；盐浓度在 160~240 mmol/L 时二者之间细胞膜透性差距逐渐加大。转基因植株膜透性增加较之对照植株膜透性增加平缓，表明其细胞膜受害程度轻，耐盐性强。

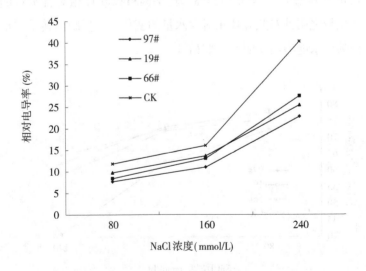

图5-11　盐胁迫下转基因植株叶片质膜透性的变化曲线

3. 盐胁迫对转基因冰草植株叶片游离脯氨酸的影响

游离脯氨酸的积累是植物在逆境条件下的普遍反应，其作用可能对细胞的渗透调节是有利的，而对蛋白质的过度分解是不利的。不同植物游离脯氨酸含量增加的幅度不同，反映出它们抵抗盐胁迫的能力。游离脯氨酸含量增加幅度越大则该品种越不耐盐，反之就越耐盐。由图 5-12 可知，转基因冰草植株和阴性对照在盐胁迫下叶片游离脯氨酸的含量都有增加，转基因冰草植株增加的幅度小，阴性对照植株增加的幅度大，表明转基因冰草植株比阴性对照耐盐。

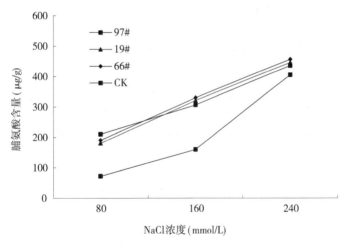

图 5-12　盐胁迫对转基因植株叶片游离脯氨酸的影响

4. 盐胁迫对转基因冰草植株叶片 Na^+、K^+ 含量的影响

植株在受盐胁迫时体内经常积累 Na^+ 而引发离子效应，细胞中 Ca^{2+} 被 Na^+ 交换出来，导致膜的完整性和对 K^+ 的选择性

遭到破坏。植物维持较高的 K^+/Na^+ 是在盐胁迫条件下保证气孔正常功能和许多代谢正常进行的前提。禾本科牧草 K^+/Na^+ 比值与其耐盐性呈正比。本研究在盐浓度增加时，无论是转基因的冰草植株还是阴性对照植株都表现出 Na^+ 的增加，K^+ 的减少，但它们之间存在差异，在同等盐浓度下转基因冰草植株叶片中 K^+/Na^+ 较阴性对照植株大，具有较强的耐盐性（图5-13）。

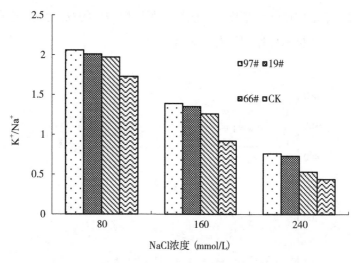

图 5-13　盐胁迫下转基因冰草植株

第三节　讨　论

一、分子检测方法

目前进行转基因植株检测最常用的方法为 PCR。 PCR

（Polymerase Chain Reaction）技术是在体外对特定的 DNA 序列进行扩增的技术。自 Mulli（1987）发现该技术以来，促进了生物学、医学等多领域研究的分子水平分析的发展。PCR 可扩增 DNA 特异性片段，其特异分析通常依凝胶电泳上的靶片段产物来评估。现在已经利用该技术对欧美杨、番茄、辣椒、葡萄、豆瓣菜、小麦等大多数的转基因植物进行了鉴定。

鉴定转基因植株所涉及方法还有 Southern 杂交、Northern 杂交和 Western 杂交。Southern 杂交是以外源目的基因的同源序列作为探针与转化植株的总 DNA 进行杂交，主要是 DNA 水平上的分子鉴定方法。目前已在水稻、玉米、大白菜、马铃薯、杏、烟草等植物中得到广泛应用。此外，还有一种基于 PCR 的 Southern，即 PCR-Southern 杂交，是一种近年来开始检测外源基因整合的方法。首先对被检测的材料进行外源基因的 PCR 扩增，然后再用目的基因的同源探针与扩增的特异性条带进行杂交。Northern 杂交，也是以外源目的基因的同源序列作为探针与转化植株的总 RNA 进行杂交，是在转录水平上的分子鉴定方法。现已广泛用于杨树、马铃薯、草莓、烟草等植物中。也可用 RT-PCR（Creverse Transcribed PCR）方法检测外源 DNA 在植物体内的转录表达。其原理是以植物总 RNA 或 mRNA 为模板进行反转录，然后再经 PCR 扩增。如果从细胞 RNA 提取物中得到特异的 cDNA 扩增条带，则表明外源基因实现了转录。Western 杂交是将聚丙烯酰胺凝胶电泳（SDS-PAGE）分离抗原（Antigen）固定在固体支持物上（如硝酸纤维膜，NC 膜），置于蛋白质（如牛血清蛋白 BSA）或奶粉溶液中温育，以封闭非特异性位点，然后再用含有放射性标记或酶标记的特定抗体杂交，使抗原—抗体结合，通过放射性自显影或显色观察。现已用于烟草、杨树、枸杞等转基因植物的鉴定中。

本研究由于时间的关系对转基因冰草植株只进行了PCR、RT-PCR 和 Southern 杂交等分子检测，没有进一步进行Northern 杂交及其他的鉴定方法，今后有待于进一步的研究。

二、无载体主干序列的基因表达框的遗传转化

目前植物基因操作普遍使用完整质粒 DNA，非目的基因的质粒载体主干序列经常随着目的基因整合到植物基因组中，并通过形成稳定的次级结构，产生重组热点或导致异常重组，重组产生的基因多拷贝经常导致转基因的低表达甚至基因沉默。此外，近年来随着转基因植物的产业化种植和人们对生物安全性的关注，非目的基因的载体 DNA 序列也作为"垃圾DNA"影响受体基因组的安全性评价。基因枪等直接转化法可将去除质粒载体主干序列的外源基因表达框导入植物基因组，获得较为安全的转基因植株，同时由于转基因分子较小，比较容易实现多个基因的共转化，在植物基因工程育种上有重要的应用价值。

傅向东等（2000）首次报道外源基因表达框共转化水稻时呈低拷贝简单整合模式，利用 bar 作为筛选标记基因，共转化的是报告基因 gus 和 hpt，未涉及有益性状的外源基因。赵艳等（2003）研究了基因枪介导外源基因表达框（包括启动子、基因开放阅读框和终止子）转化水稻的影响因素和转基因的整合模式，结果表明，基因枪介导外源基因表达框转化水稻的频

率在 0.1%~0.5%，非选择标记基因与选择标记基因的共转化频率为 50%~60%；非选择标记基因表达框在水稻基因组内整合模式简单，仅有 1~3 个拷贝；筛选标记基因 *bar* 表达框却比完整质粒转化后的整合模式复杂得多，插入拷贝数在 4~14 个，进一步表明这一方法的可行性。

基因枪转化的优点之一是可以同时实现多个外源基因对受体的共转化，目的基因与选择标记基因位于两个质粒上时，目的基因的共转化率一般为 20%~30%。赵艳研究表明基因表达框比质粒更有利于非筛选基因的共整合，这为植物基因工程育种中多基因控制的有益性状的导入提供了新途径，也为我们今后的牧草遗传转化提供新思路。

三、外源基因在转基因植株后代中的遗传行为

外源基因能否在转基因植株的后代中稳定遗传和表达是基因工程技术应用研究中人们普遍关注的问题。外源基因整合到植物基因组后产生的遗传效应是多样性的，在受体植株中的遗传行为是复杂的，许多方面有别于经典的遗传规律。研究表明，外源基因在许多转化体中都能稳定整合，正常表达，并呈常见的孟德尔遗传。也有一些由于外源基因整合的方式和拷贝数不同，或者由于沉默、损伤或丢失导致不规则的遗传。近年来的研究表明，外源基因可在减数分裂过程中丢失，也可在无性系变异中丢失。Srivastara 等（1996）观察到在一个小麦转化株系 2B-2 中，目的基因在自交一代中能表达，在自交二代中仅能检测到，在自交三代中发生了丢失。目的基因丢失表明植物基因组中有些特定位点对外源基因的可遗传的稳定整合是

利的。

目前我们获得的冰草转基因植株的 T0 代已移栽到大田，T1 代和 T2 代的遗传学分析正在进行中，对外源基因在冰草后代中的遗传行为将继续研究。相信随着转基因研究水平的提高和转化技术的进步，我们将越来越明了外源基因在后代中的遗传传递规律。

四、转基因冰草生理指标检测

根据最近 10 年的研究，高等植物耐盐的分子机制主要有 5 种假说，即：诱导相容性物质的生成；调节离子的吸收；改变光合作用途径；水分子通道蛋白及抗氧化防御系统。目前进行的耐盐基因工程研究都基于第一种假说。

P5CS 基因在逆境胁迫下可导致植物体中脯氨酸含量成倍增加，行使渗透调节和渗透保护的作用，使植物细胞在高盐环境下维持正常的生理功能。因此，通过 *P5CS* 基因的高效表达，可望提高冰草的耐盐能力，在短期内培育出适合于我国西部地区栽培的冰草新品种。

本研究通过对叶片相对含水量，质膜透性，脯氨酸含量，K^+ / Na^+ 比值耐盐指标进行测定，综合这四个指标的结果可以看出，在低盐浓度（80 ~160mmol/L）时 3 株转基因植株和对照植株间各指标变化幅度相差不大，但当盐浓度加大到 240 mmol/L 时转基因植株和对照植株间各指标变化幅度的差距明显加大。根据测定出的诸项生理指标对 3 株转基因植株和阴性对照植株的耐盐能力综合评定的结果是：97# > 19# > 66# > 对照植株，表明 *P5CS* 基因在冰草植株体内表达并使其耐盐性得到提高。

由于转 *CBF4* 基因植株苗较小，本研究未开展转 *CBF4* 基因的生理检测。

第四节 小 结

1. 转基因冰草植株分子检测

对通过基因枪轰击法获得的转抗旱转录因子 *CBF4* 基因和耐盐 *P5CS* 基因分别进行了 PCR 检测和 RT-PCR 检测，结果表明目的基因 *CBF4* 和 *P5CS* 已整合至冰草基因组中并在其转录水平表达。在此基础上又对转耐盐 *P5CS* 基因的冰草植株开展了 Southern 杂交检测，进一步证明目的基因 *P5CS* 确实已经整合到冰草基因组中。

2. 转基因冰草植株遗传转化率

将基因枪轰击后获得的转基因冰草植株进行 PCR 检测，分别统计 *CBF4* 基因和 *P5CS* 基因轰击愈伤组织数、抗性愈伤组织数、可分化的愈伤组织数、再生植株数、PCR 阳性植株数，从而计算遗传转化率。结果表明，*CBF4* 基因遗传转化率为 5.6%，*P5CS* 基因的遗传转化率为 1.4%。

3. 转基因冰草植株生理指标检测

对 PCR 检测为阳性的转 *P5CS* 基因冰草植株（97 #、66 #、19#）和未转基因冰草植株开展了盐胁迫处理，测定了叶片相对含水量，质膜透性，脯氨酸含量和 K^+/Na^+ 耐盐指标，综合这 4 个指标的结果可以看出，在低盐浓度（80 ~160mmol/L）

时 3 株转基因植株和对照植株间各指标变化幅度相差不大，但当盐浓度加大到 240mmol/L 时转基因植株和对照植株间各指标变化幅度的差距明显加大。根据测定出的各项生理指标对转基因植株和对照植株的耐盐性综合评定的结果是：97# ＞ 19# ＞ 66# ＞对照植株，表明 *P5CS* 基因可以使冰草的耐盐性得到提高。

第六章

结论与今后研究方向

第一节 结 论

为了提高冰草的耐盐和抗旱能力，本研究以冰草属植物中的四个不同品种——蒙古冰草新品系、航道冰草、诺丹冰草及扁穗冰草与沙生冰草种间杂交种"蒙农杂种冰草"的幼穗和成熟胚的愈伤组织为受体材料，通过基因枪轰击法将抗旱转录因子 *CBF4* 基因和耐盐基因 *P5CS* 转入其中，筛选后获得了转基因冰草植株，PCR、RT-PCR 和 Southern 检测结果表明目的基因 *CBF4* 和 *P5CS* 已整合至冰草基因组中并在其转录水平表达，耐盐生理指标测定结果表明转 *P5CS* 基因冰草的耐盐性得到提高。这为下一步选育抗旱冰草新品种奠定了良好的基础。

本研究的主要研究结论如下。

一、建立了 4 种冰草属植物两种外植体的组织培养再生体系

以幼穗为外植体的最适培养基为：

愈伤组织诱导培养基：改良 MS+2,4-D 2.0 mg/L。

继代培养基：改良 MS+2,4-D 2.0 mg/L+6BA 0.2mg/ L。

分化培养基：MS+KT 3.0 mg/L+NAA 0.5 mg/L。

生根培养基为 1/2MS+NAA 0.1 mg/L，生根率 100%。

以成熟胚为外植体的最适培养基为：

愈伤组织诱导：MS ＋甘露醇 0.2 mol/L ＋ 2,4-D 2.0 mg/L。

继代培养基：MS ＋甘露醇 0.2 mol/L ＋ 2,4-D 2.0 mg/L ＋ ABA 0.3 mg/L。

分化培养基：MS ＋ KT 3.0 mg/L ＋ NAA 1.0 mg/L。

生根培养基：1/2MS ＋ NAA 0.5 mg/L。

幼穗长度介于 1.0~3.0 cm 为最适宜取材时期。

4 种冰草属植物均可以幼穗和成熟胚为外植体诱导愈伤组织并分化形成完整植株，其中幼穗和成熟胚最佳的受体材料分别是蒙农杂种冰草和蒙古冰草新品系。

冰草属植物幼穗和成熟胚都可以组织培养再生成苗，但以幼穗的愈伤组织诱导率、分化率和再生率高，是用于冰草遗传转化的最佳受体材料。

二、构建了植物表达载体 HpBPC-CBF4

一是成功构建了含有抗旱转录因子 *CBF4* 基因、由 Ubiquitin 启动子驱动的适用于冰草基因枪共转化的植物表达载体。

二是成功构建了含有耐盐基因 *P5CS*、由 Ubiquitin 启动子驱动的适用于冰草基因枪直接转化的植物表达载体。

三是成功构建了含有耐盐基因 *P5CS*、由 Ubiquitin 启动子驱动的适用于冰草基因枪共转化的植物表达载体。

三、转基因冰草的获得及检测

一是通过基因枪轰击法将抗旱转录因子 *CBF4* 基因和耐盐基因 *P5CS* 转入冰草愈伤组织，经除草剂筛选后获得了转基因冰草植株。

二是 PCR、RT-PCR 和 Southern 检测结果表明目的基因 *CBF4* 和 *P5CS* 已整合至冰草基因组中并在其转录水平表达。遗传转化率统计结果表明，*CBF4* 基因的遗传转化率为 5.6%，*P5CS* 基因的遗传转化率为 1.4%。

三是耐盐生理指标测定结果表明转基因植株较未转化对照植株抵抗盐胁迫的能力增强，证明 *P5CS* 基因在冰草植株体内表达并使其耐盐性得到提高。

第二节　今后研究方向

高效组培再生体系是开展基因转化研究成功的关键。本研究只对冰草幼穗和成熟胚两种外植体的组培再生体系进行了研究，今后应对花药、幼胚等外植体加强研究，以期获得冰草高效的组培再生体系。

后续将开展 *CBF4* 特异性启动子的克隆和表达载体构建，特异性启动子能更好发挥出 *CBF4* 基因的功能用于冰草抗旱遗传转化研究。

本研究采用基因枪轰击法将目的基因转入冰草，获得的遗传转化率比较低，今后可以尝试更多的转化方法（例如农杆菌介导法）开展冰草遗传转化研究，提高其遗传转化率。

　　目前我们获得的冰草转基因植株的 T0 代已移栽到大田，其田间形态学观测、抗性实验以及 T1 代和 T2 代遗传稳定性等研究应是今后的重点研究方向。

参考文献

安海龙，卫志明，黄健秋 . 2001. 基因枪法转化小麦的金粉用量及转基因植株表型特征分析 [J]. 植物生理学报，27（1）：21-27.

陈世璜，占不拉，宋锦峰 . 1994. 几种冰草特性的初步研究 [J]. 内蒙古草业，4：29-31.

陈燕，李聪，苏加楷，等 . 1996. 根癌农杆菌介导磷酸甘露醇脱氢酶基因转化百脉根的研究 [J]. 草地学报，4（10）：7-11.

陈智勇，易自力 . 2002. 提高高羊茅愈伤组织诱导率的研究 [J]. 草业学报，11（4）：69-72.

邓江明，简令成 . 2001. 植物抗冻机理研究新进展：抗冻基因表达及其功能 [J]. 植物学通报，18（5）：521-530.

丁家宜 . 1988. 经济植物组织培养实用技术 [M]. 南京：江苏科学技术出版社 .

高俊山，叶兴国，马传喜，等 . 2003. 不同组织培养途径对小麦再生能力的研究 [J]. 激光生物学报，12（6）：406-411.

过全生，沈瑛 . 1996. 低浓度 2,4-D 提高水稻体细胞成苗研究 [J]. 中国水稻科学，10（2）：103-109.

黄学林 . 1995. 高等植物组织离体培养的形态建成及其研究 [M]. 北京：科学出版社 .

季良越，孙晓丽，韦小敏，等 . 2002. 玉米胚性愈伤组织诱导和植株再生研究 [J]. 河南农业大学学报，36（2）：101-105.

蒋浩，秦红敏，虞红梅，等. 1999.笋瓜韧皮部蛋白基因启动子的克隆及其功能分析 [J].农业生物技术学报，1：63-68.

金洪，张众，云锦凤，等. 1998.诺丹冰草成熟胚离体培养中不定芽的诱导和形态建成 [J].中国草地，3：41-43.

李雪梅，刘熔山. 1994.小麦幼穗胚性愈伤组织诱导及分化过程中内源激素的作用 [J].植物生理学通讯，30（4）：255-326.

李亚，刘建秀.向其伯.2002.结缕草属种质资源研究进展 [J].草业学报，11（2）：7-14.

李志亮，杨清，叶嘉，等. 2012.利用P5CS基因转化白三叶草的研究 [J].生物技术通报，（5）：61-65.

梁辉，赵铁汉，李良才，等.1998.影响基因枪转化小麦幼胚的几个因素的研究 [J].遗传学报，25（5）：443-448.

梁竹青，高明尉. 1986.不同小麦基因型对体细胞组织培养的反应 [J].中国农业科学（2）：42-48.

林毅，高俊山，李艳. 2003.不同培养基对小麦幼胚再生能力的影响 [J].安徽农业大学学报，30（1）：6-9.

刘公社，齐冬梅.2004.赖草属几种植物幼胚离体培养研究 [J].草业学报，13（1）：70-73.

刘录祥，赵林姝，梁欣欣，等. 2003.基因枪法获得逆境诱导转录因子DREB1A转基因小麦的研究 [J].中国生物工程杂志，23（11）：53-56.

刘强，赵南明，Yamaguchi S K，等.2000.DREB转录因子在提高植物耐逆性中的作用 [J].科学通报，45（1）：11-16.

刘伟华，李文雄，胡尚连，等.2002.小麦组织培养和基因枪轰击影响因素探讨 [J].西北植物学报，22（3）：602-610.

刘友良，毛才良，王良驹. 1987.植物耐盐性研究进展 [J].植物生理学通讯（4）：1-7.

马忠华，等.1999.早熟禾的组织培养和基因枪介导的基因转化体系的初步建立 [J].复旦大学学报（自然科学版），38（5）：540-544.

毛才良，刘友良.1990.盐胁迫大麦体内 Na^+、K^+ 分配与叶片耐盐量 [J].南京农业大学学报，13（3）：32-36.

彭朝华，毛炎麟.1989.小麦成熟胚愈伤组织的诱导和植株再生 [J].北京农业大学学报，15（4）：397-402.

钱海丰，薛庆中.2002.激素对高羊茅愈伤组织诱导及其分化的影响 [J].中国草地，24：46-49.

任江萍，尹钧，师学珍，等.2003.小麦转基因再生植株培养体系的优化 [J].华北农学报，18（1）：22-25.

邵宏波.1992.禾本科牧草的组织培养研究及其应用 [J].广西植物，12（1）：42-58.

孙勇如，安锡培.1990.植物原生质培养 [J].北京：科学出版社.

田文忠.1994.提高粳稻愈伤组织再生频率的研究 [J].遗传学报，21（1）：215-221.

王关林，方宏筘.1998.植物基因工程原理与技术 [M].北京：科学出版社.

王鸿鹤，谭兆平.2000.基因枪法转化香蕉薄片外植体的参数优化 [J].中山大学学报（自然版），39（2）：87-91.

王守生.1995.茶树游离脯氨酸含量及水分胁迫对其影响 [J].茶叶，21（1）：22-25.

王淑强，王善敏，刘玉红.1997.新麦草幼穗组织培养及再生植株的研究 [J].草地学报，5（3）：201-204.

王秀红.2002.水稻不同外植体的组织培养能力及其内源激素分析 [D].成

都：四川农业大学.

危晓薇，蔡丽娟，李仁敬.1999.紫花苜蓿组织培养及其再生植株[J].新疆农业科学，2：73-75.

魏松红，张领兵，等.2001.小麦基因枪高小转化体系的建立[J].吉林农业科学，26（3）：7-11.

翁森红，聂素梅，徐恒刚，等.1998.禾本科牧草 K$^+$/Na$^+$ 与其耐盐性的关系[J].四川草原（2）：22-23.

吴楚，王政权.2001.拟南芥中ＣＢＦ对ＣＯＲ基因表达的调控[J].植物生理学通讯，37（4）：365-368.

吴关庭，胡张华，陈锦清.2003.CBF 转录激活因子及其在提高植物耐逆性中的作用[J].植物生理学通讯，39（4）：404-410.

夏镇澳.1989.植物原生质体研究新进展[J].植物生理通讯，11（2）：1-6.

徐琼芳，李连城，等.2001.基因枪法获得 GNA 转基因小麦植株的研究[J].中国农业科学，34（1）：5-8.

徐子勤.2001.重要禾谷类植物转基因研究[J].生物工程进展，21（1）：59-74.

玄松南,陈惠哲,傅亚萍,等.1997.愈伤组织的诱导及其分化研究[J].浙江农业学报，9（6）：295-299.

严华军，王君晖，黄纯农.1996.大麦成熟胚胚性愈伤组织的高频诱导和植株再生[J].作物学报，22（1）：59-65.

杨东歌，杨凤萍，陈绪清，等.2009.外源脱水应答转录因子 CBF4 基因转化玉米的获得[J].作物学报，35（10）：1 759-1 763.

云锦凤，米福贵，杜建材.1989.冰草茎生长锥分化、幼穗形成及小孢子发育[J].中国草地（5）：30-35.

张海波 .2011.Tv NHX1 基因转化大豆及其耐盐性分析 [D]. 哈尔滨 : 哈尔滨师范大学 .

张立全，牛一丁，郝金凤，等 . 通过花粉管通道法导入红树总 DNA 获得耐盐紫花苜蓿 T0 代植株及其 RAPD 验证［J］. 草业学报，20（3）：292-297.

张新梅，徐惠君，杜丽璞，等 .2004. 共转化法剔除转基因小麦中的 bar 基因 [J]. 作物学报，1（30）：26-30.

张艳贞，季静，张领兵 .2001. 以基因枪法将 Bt 杀虫蛋白基因导入常规玉米自交系的研究 [J]. 玉米科学，9（4）：23-26.

赵可夫 .1990. 作物抗性生理 [M]. 农业出版社 .

赵艳，王慧中，于彦春，等 .2003. 转基因植物中标记基因的安全性新策略 [J]. 遗传，25（1）：119-122.

支立峰，陈明清，余涛，等 . 2005. p5cs 转化水稻细胞系的研究 [J]. 湖北师范学院学报 (自然科学版)，25（4）：39-43.

朱根发，余毓君 .1994. 草地早熟禾的组织培养条件和分化能力研究 [J]. 华中农业大学学报，13（2）：199-203.

Altpeter F，Xu J P .2000.Rapid production of transgenic turfgrass（Fescue rubra）plants[J]. Journal of Plant Physiology，157：441-448.

Artus N N, Uemura M, Steponkus P L, et al. 1996.Constitutive expression of cold regulated Arabidopsis thaliana COR 15 a gene affects both chloroplast and protoplast freezing tolerance[J]. Proc Natl Acad Sci USA，93：13 404-13 409.

Asano Y, Ito Y, Fukami M, et al. 1997.Herbicide resistant transgenic creeping bentgrass plants obtained by electroporation using an altered buffer [J]. Plant Cell Reports，16（12）：874-878.

Asano Y, Ugaki M. 1994.Transgenic plants of Agrostis alba obtained by electroporation mediated direct gene transfer into protoplasts [J]. Plant Cell Reports, 13（5）: 243-246.

Bai Y, et al. 2001.Factors influencing tissue culture responses of mature seeds and immature embryos in turf ⁻ type tall fescue [J]. Plant Breeding, 120: 239-242.

Bai Y, Qu R. 2001. Factors influencing tissue culture responses of mature seeds and inmature embryos in turf-type tall fescue[J]. Plant Breeding ,120: 239-242.

Baker S S, Wilhelm K S, Thomashow M F. 1994.The 5'-region of Arabidopsis thaliana cor15a has cis-acting elements that confer cold-drought and ABA regulated gene expression[J]. Plant Mol Biol, 24: 701-713.

Bettany A J E, Dalton S J, Timms E, et al. 2003.Agrobacterium tumefaciens-mediated transformation[J]. 21: 437-444.

Bohnert H J, Nelson DE, Jensen RG. 1995.Adapations to environmental stresses[J]. Plant Cell, 7: 1 099-1 111.

Bray E A. 1997.Plant responses to water deficit[J]. Trends Plant Sci, 2: 48-54.

Brettschneider R, et al. 1997.Efficient transformation of scutellar tissue of immature maize embryos[J]. Theor Appl Genet., 94: 737-748.

Chai B, Sticklen M B. 1998.Application of biotechnology in turfgrass genetic improvement [J]. Crop Sci, 38（5）: 1 320-1 338.

Chai M L, K D H. 2000.Agrobacterium-mediated trans- formation of Korean lawngrass（Zoysia japonica）[J]. Journal of the Korean Society for Horticultural Science, 41（5）: 455-458.

Chandrhury A, et al. 2000.Somatic embryogenesis and plant regeneration of turf-type bermugarass : effect of 6-benzyladenine in callus induction medium [J]. Plant Cell tissue Organ Culture, 60 (2): 113-120.

Cho M J, Ha C D, Lemaux P G. 2000.Production of transgenic tall fescue and red fescue plants by particle bombardment of mature seed-derived highly regenerative tissues [J]. Plant Cell Reports, 19 : 1 084-1 089.

Dale P J Dalton S J.1983. Immature inflorescence culture in Lolium Festuca, Phloem and Dactylis[J]. ZPflanzenphysiol, 111 : 39-45.

Dalton S H, Bettany A J E, Timms E, et al. 1998.Transgenic plants of Lolium multiflorum, Lolium perenne, Festuca arundinacea and Agrostis stolonifera by silicaon carbide fibre-mediated transformation of cell suspension cultures [J]. Plant Sci, 132 : 31-43.

Dalton S J, Bettany A J E, Timms E, et al. 1995.The effect of selection pressure on transformation frequency and copy number in transgenic plants of tall fescue (Festuca arundinacea Schreb.)[J]. Plant Sci, 108 : 63-70.

Dalton S J. 1988.Plant regeneration from cell suspension protoplasts of Festuca arundinacea, Lolium perenne and L .multiflorum [J]. Plant Tissue and Organ Culture, 12 (2): 137-140.

Devereaux A. 1999.ransformation and overxpression of a MnSOD gene in perennial ryegrass.

Dismutase expression in transgenic alfalfa increases winter tolerance[J]. Plant Physiol., 2000, 122 : 1 427-1 437.

Eizenga G C ,Dahleen L S.1990. Callus production regeneration and evalution of plants fromcultured inflorescence of tall fescue (Festuca arundinacea Schreh) [J]. PIant Cell Tiss Org 22 : 7-15.

Etienne H, Sotta B, Montoro P.1993.Relations between exogenous growth regulators and endogenous indole-3-acetic acid and abscisic acid in the expressions of somatic embryogenesis in Hevea brasciliensis [J]. Plant Science, 88 : 91-96.

Gill K S et al. 1987.Physiological aspects of salt tolerance in barley and wheat grown in pots in coastal saline conditions.Indian [J]. of Agri.Sci, (6): 409-415.

Gilmour S J, Artus N N, Thomashow M F. 1992.cDNA sequence analysis and expression of two cold regulated genes of Arabidopsis thaliana[J]. Plant Mol Biol, 18 : 1 321.

Glenn E P, Brown J J.1999.Salt tolerance and crop potential of halophytes[J]. Critical Reviews in plant Sciences, 18 (2): 227-255.

Gould J, Devey M, Hasegawa O, et al. 1991.Transformation of Zeamays L. using Agrobacterium tumefactiens and shoot apex [J]. Plant Physiol, 95 : 426-434.

Griffin J D, et al. 1995.High-frequency plant regeneration from seed-derived callus cultures of Kentuckybluegrass (Poa pratensis L.) [J]. Plant Cell Reports, 14 : 721-724.

Gyulai G, Janovszky J, Kiss E, et al. 1992.Callus initiation and plant regeneration from inflorescence primordial of the intergeneric hybrid Agropyron repens (L.) Beauv. X Bromus inermis Leyss.cv.nanus on a modified nutritive medium[J]. Plant Cell Reports, 11 : 266-269.

Ha S B, Wu F S, Thorne K. 1992.Transgenic turf-type tall fescue (Festuca arundimacea) plants regenerated from protoplasts [J]. Plant Cell Report, 11 (12): 601-604.

Ha S B, Wu F S, Thorne T K. 1992.Transgenic turf-type tall fescue (Festuca arundinacea Schreb.) plants regenerated from protoplasts [J]. Plant Cell Rep, 11 : 601-604.

Haake V, Cook D, Riechmann J L, et al. 2002.Transcription factor CBF4 is a regulator of drought adaptation in Arabidopsis[J]. Plant physiology, 130 (2): 639-648.

Hansan A D, C E Nelsen , E H Everson. 1997.Evaluation of free proline accumulation as an index of drought resistance using two contracting barley cult ivars [J]. Crop Sci, 37 : 720-726.

Singh T N, D Aspinall, L G Bley. 1972.Proline accumulation and varietal adaptability to drought in barley : A potential metabolic measure of drought resistance[J]. New Biol., 236 : 188-190.

Heleen M, Vander M, Eliza R, et al. 1994.Stable transformation and long term expression of the gus A reporter gene in callus lines of perennial ryegrass (Lolium perenne)[J]. Plant Mol Biol, 24 (2): 401-405.

Hong Z, Lakkineni K, Zhang Z. 2000.Verma DPS : Removal of feedback inhibition of 1 pyrroline-5-carboxylate synthetase (P5CS) results in increased proline accumulation and protection of plants from osmotic stress[J]. Plant Physiol, 122 : 1 129-1 136.

Horvath D P, McLarney B K, Thomashow M F. 1993.Regulation of Arabidopsis thaliana L. (Heynh) cor 78 in response to low temperature[J]. Plant Physiol, 103 : 1 047-1 053.

Ingram J, Bartels D. 1996.The molecular basis of dehydration tolerance in plants .Annu Rev[J]. Plant Physiol Plant Mol Biol, 47 : 377-403.

Inokuma C, Sugiurak, Imaizumi N, et al. 1998.Transgenic Japanese lawngrass

（Zoysia japonica）plants regenerated from protoplasts [J]. Plant Cell Reports, 17（5）: 334–338.

Inoue M, Maeda E. 1981.Stimulation of shoot bud and plantlet formation in rice callus cultures by two–step culture method using abscisic acid and kinetin[J]. Japan J Crop Sci, 50 : 318–322.

Ishida Y, Saito H, Ohta S, et al. 1996.High efficiency transformation of maize（Zeamays L.）mediated by Agrobacterium tumefaciens [J]. Nature Biotechnology, 14 : 745–750.

Jaglo–Ottosen K R, Gilmour S J, Zarka D G et al . 1998.Arabidopsis CBFl overexpression induces COR genes and enhances freezing tolerance[J]. Sci, 280 : 104–106.

Kai G Y, Zhang L, Zhang H Y, et al. 2002.Marker–Free : a Novel Tendency of Transgenic Plants[J]. 植物学报, 44（8）: 883–888.

Kasuga M, Liu Q, Miura S et al. 1999.Improving plant drought, salt and freezing tolerance by gene transfer of a single stress–inducible transcription factor[J]. Nat Biotech, 17 : 287–291.

Kishor P B K, Hong Z, Miao G, et al. 1995.Overexpression of delta 1 – pyrroline–5–carboxylate synthetase increases proline production and confers osmotolerance in transgenic plants[J]. Plant Physiol, 108 : 1 387–1 394 .

Kizis D, Lumbreras V, Pages M. 2001.Role of AP2/EREBP transcription factors in gene regulation during abiotic stress. FEBS Lett, 498 : 187–189.

Krens F A, Molendijk L, Wullems G J, et al. 1982.In vitro transformation of plant protoplasts with Ti–plasmid DNA [J]. Nature, 296（5852）: 72–74.

Lepage C, Mackin L, Ligdett A, et al. 2000.Development of transgenic white clover expressing chimeric bacterial levansucrase genes for enhanced tolerance to drought stress. The 2nd International Symposium Molecular B reeding of Forage Craps[J]. London : Kluwer A cadem ic Publishers, 80–81.

Li L G, Zhou Y H, Cheng X F, et al. 2003.Combinatorial modification of multiple lignin traits in trees through multigene cotransformation. PNAS USA, 100（8）: 4 939–4 944.

Liang C M, Hwan K D. 2000.Agrobacterium mediated transformation of Korean lawngrass（Zoysia japonica）[J].Korean Society Horticultural Science, 41 : 455–458.

Lin C, Thomashow M F. 1992.DNA sequence analysis of a complementary DNA for cold regulated Arabidopsis gene cor15 and characterization of the COR15 polypeptide[J]. Plant Physiol, 99 : 519–525.

Linacero R, et al. 1990.Somatic embryogenesis from immature inforescences of rye [J].Plant Sci. 72 : 253–258.

Liu L, White M J, MacRae T H. 1999.Transcription factors and their genes in higher plants : functional domains, evolution and regulation[J]. Eur J Biochem, 262 : 247–257.

Matsushita N, Match T. 1991.Characterization of Na exclusion mechanisms of salt–tolerance reed plants in comparison with salt–sensitive rice plants[J]. Physiol plant, 83 : 170–174.

Medina J, Bargues M, Terol J, et al. 1999.The Arabdopsis CBF gene family is composed of three genes encoding AP2 domain containing proteins whose expression is regulated by low temperature but not by abscisic acid or dehydration[J]. Plant Physiol, 119 : 463–469.

Nielsen K A, Laresen E, Knudsen E. 1993.Regeneration of protoplast derived green plants of Kentucky bluegrass (Poa pratensis) [J]. Plant Cell Reports, 12(10) : 537–540.

Park S H, Pinson S R M, Smith R H. 1996.T–DNA integration into genomic DNA of rice following Agrobacterium inoculation of isolated shoot apices [J]. Plant Mol Biol, 32 : 1 135–1 148

Rajoelina S R A l ibert G Planchon C .1990. Continuous plant regeneration fromestablished embryogenic cell suspension cultures of Italian ryegrassand tall fescue [J].Plant Breeding ,104 : 265–271.

Shinozaki K, Yamaguchi–Shinozaki K. 1997.Gene expression and signal transduction in water–stress response [J].Plant Physiol, 115 : 327–334.

Spangenberg G, Wang Z Y, Nagel J, et al. 1994.Protoplast culture and generation of transgenic plants in red fescue (Festuca rubra L.)[J]. Plant Sci, 97 : 83–94 .

Steponkus P L, Uemura M, Joseph R A, et al. 1998.Mode of action of the COR15a gene on the freezing tolerance of Arabidopsis thaliana [J].Proc Natl Acad Sci USA, 96 : 14 570–14 575.

Thomashow M F, Gilmour S J, Stockinger E J ,et al. 2001.Role of the Arabidopsis CBF transcriptional activators in cold acclimation [J].Physiol Plant, 112 : 171–175.

Thomashow M F. 1999.Plant cold acclimation: freezing tolerance genes and regulatory mechanisms [J].Annu Rev Plant Physiol Plant MolBiol, 60 : 571–599.

Thomashow M F. 1998.Role of cold responsive gene in plant freezing tolerance [J]. Plant Physiol, 118 : 1–7.

Torello W A, Symington A G, Rufner R. 1984 .Callus initiation plant regeneration and evidence of somatic embryo-genesis in red fescue [J]. Crop Sci, 24 : 1 037-1 040.

U F, Ralph J. 1999.Detection and determination of p-coumaroylated units in lignins [J]. J Agric Food Chem, 47 : 1 988-1 992.

Van der Mass H M, Jong E R de, Rueb S, et al .1994.Stable transformation and long-term expression of the gusA reporter gene in callus lines of perennial ryegrass [J].Plant Molecular Biology, 24 : 401-405.

Van der Valk P, Creemers-Molenaar J.1989.Somatic embryoge-nesis and plant regeneration in inflorescence seed de-rived callus of Poa pratensis L. (Kentucky bluegrass) [J].Plant Cell Reports, 7 : 644-647.

Vander V, Zaal P, Creemers-Molenaar J. 1988.Regeneration of albino plantlets from suspension culture derived protoplasts of Kentucky bluegrass (Poa protensis)[J]. Euphytica, 5 : 159-176.

Volker H, Daniel C, Jose L R, et al.2002. Transcription factor CBF4 is a regulator of drought adaptation in Arabidopsis [J]. Plant Physiology, 130 : 639-648.

Wang G R, Binding H, Posselt U K. 1997.Fertile transgenic plants from direct gene transfer to protoplasts of Lolium perenne L. and Lolium multiflorum L am. [J]. Plant Physiol, 151 : 83-90.

Wang Z Y, Hopkins A, Mian R. 2001.Forage and turf grass boitechnology [J]. Critical Reviews in Plant Sciences, 20 (6): 573-619.

Wang Z Y, Legris G, Nagel J, et al. 1994.Cryopreservation of embryogenic cell suspension in Festuca and Lolium species [J].Plant Science (103): 93-106.

Wang Z Y, Takamizo T, Iglesias V A, et al. 1992.Transgenic plants of tall fescue (Festuca arundinacea Schreb.) obtained by direct gene transfer to protoplasts [J]. Bio/Technology, 10 : 691-696.

Wang Z Y, Valles M P, Montavon P, et al. 1993.Fertile plant regeneration from protoplasts of meadow fescue (Festuca pratensis Huds.) [J]. Plant Cell Reports, 12 : 95-100 .

White D W , Voisey C R. 1994.prolific direct plant regeneration from cotyledons of white clover [J].Plant Cell Rep, 13 : 303-308.

Yamaguchi-Shinozaki K, Shinozaki K. 1994.A novel cis-acting elementg in an Arabidopsis gene is involved in responsiveness to drought, low-temperature or high- salt stress [J].Plant Cell, 6 : 251-264.

Ye X D, Wu X L, Zhao H, et al.2001.Altered fructan accumulation in transgenic Lolium multiflorum plants expressing a Bacillus subtilis sacB gene [J].Plant Cell Reports, 20 : 205-212.

Ye Z H, Kneusel R E, Matern U. 1994.An alternative methylation pathway in lignin biosynthesis in Zinnia [J]. Plant Cell, 6 : 1 427-1 439.

Ye Z H, Varner J E. 1995.Differential expression of two O-methyltransferase in lignin biosynthesis in Zinnia elegans [J].Plant Physiol, 108 : 459-467.

Zaghmout O M F, Torello W A. 1989.Somatic embrygenesis and plant regeneration from suspenesis and plant regeneration from suspensis cultures of red fescue [J].Crop Sci, 29（3）: 815-817.

Zhang L J, et al. 1991.Efficient transformation of tobacco by ultrasonication [J]. Bio/Technology, 9 : 996-997.

附：缩写表

缩写词	英文名称	中文名称
2,4-D	2,4-dichlorophenoxyacetic acid	2,4- 二氯苯氧基乙酸
6-BA	6-benzylaminopuine	6- 苄基腺嘌呤
Amp	Ampicillin	氨苄青霉素
bp(kb)	base pairs（kilobaes）	碱基对（千碱基）
CTAB	Cetyltriethyminetetracetic acid	十六烷基溴化胺
dNTP	deoxyNucleotide TriPhosphate	脱氧核苷酸
Gus	β -glucuronidase,GUS）	β - 葡萄糖苷酸酶
Gfp	green fluorescent protein, GFP	绿色荧光蛋白基因
HPT	(hygromycin phosphotransferase)	潮霉素磷酸转移酶
h	hour	小时
Kan	Kanamycin	卡那霉素
KT	Kinetin	激动素
LB	Luria-Beritai medium	LB 培养基
MS	Murashige & Skoog medium	MS 培养基
min	minute	分钟
NAA	naphthalene-acetic acid	萘乙酸
OD	optical density	光密度
PCR	polymerase chain reaction	聚合酶链式反应
PPT	Phosphinothricin	磷丝菌素
RT-PCR	Reverse transcription PCR	反转录 PCR
RNase	ribonuclease	核糖核酸酶
r/p	Rotation per minute	每分钟转数
SDS	sodium dodecyl sulfate	十二烷基黄酸钠
Taq	Thermus aguatius DNA(polymerase)	DNA 聚合酶
T-DNA	Transfer-DNA	转移 DNA
Tris	trishydroxymethylamino methane	三羟甲基氨基甲烷
Ubi	Ubiquitin	玉米泛素启动子

图 2-1　冰草幼穗大小

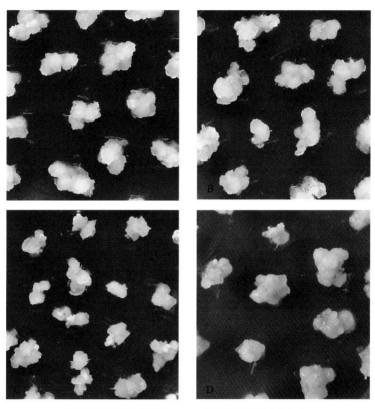

A—航道冰草幼穗愈伤组织；　B—诺丹冰草幼穗愈伤组织；
C—蒙古冰草幼穗愈伤组织；　D—蒙农杂种冰草幼穗愈伤组织。

图 2-2　4 种基因型冰草的幼穗愈伤组织

1

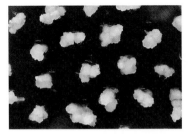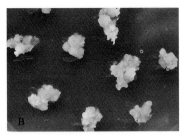

A—未加 6-BA 前的航道冰草的幼穗愈伤组织；

B—附加 0.2 mg/L 6-BA 的航道冰草幼穗的愈伤组织。

图 2-3 继代培养前后航道冰草幼穗愈伤组织状态

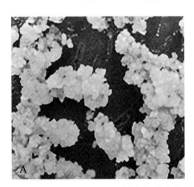

A—蒙农杂种冰草幼穗愈伤组织的分化；

B—蒙农杂种冰草幼穗再生植株。

图 2-4 蒙农杂种冰草幼穗愈伤组织的分化

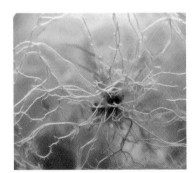

图 2-5 冰草幼穗再生植株的生根情况　　**图 2-6 冰草幼穗再生植株移栽温室**

2

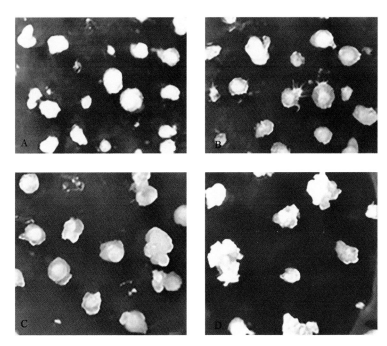

A—航道冰草的愈伤组织；　　　B—诺丹冰草的愈伤组织；
C—蒙农杂种冰草的愈伤组织；　D—蒙古冰草的愈伤组织。

图 2-7　4种冰草品种的成熟胚愈伤组织状态

A—蒙古冰草成熟胚愈伤组织的分化；
B—蒙古冰草成熟胚再生植株。

图 2-8　蒙古冰草成熟胚愈伤组织的分化和再生

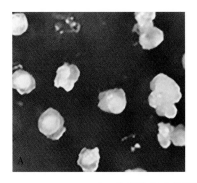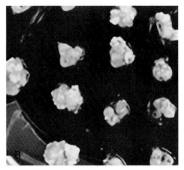

A—为未加 ABA 前的蒙农杂种冰草的愈伤组织；

B—为添加 0.3 mg/L ABA 后蒙农杂种冰草的愈伤组织。

图 2-9　附加 ABA 前后的蒙农杂种冰草成熟胚愈伤组织状态

A—挑选待悬浮的愈伤组织；

B—悬浮 30d 后的愈伤组织；

C—悬浮培养后转置在增殖培养基愈伤组织已长大；

D—愈伤组织经增殖后转置在分化培养基中，已有部分愈伤分化；

E—愈伤组织分化出绿芽。

图 2-10　愈伤组织悬浮过程

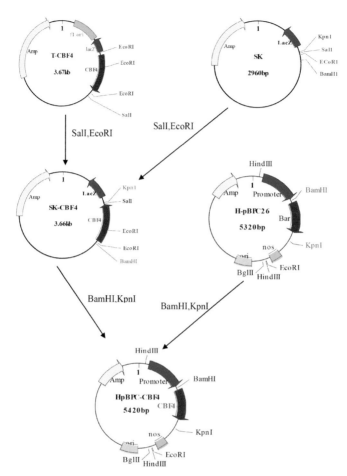

图 3-1 HpBPC-CBF4 表达载体构建过程

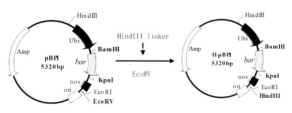

图 3-6 pBPI 改造为 H-pBPI

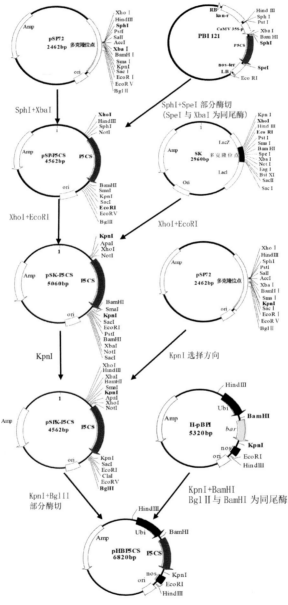

图 3-7 共转化植物表达载体 pHBP5CS

6

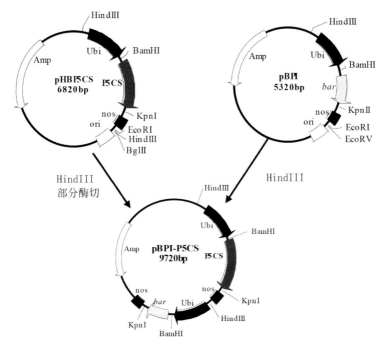

图 3-8 直接转化植物表达载体 pBPI-P5CS

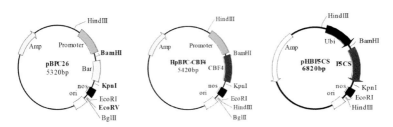

图 4-1 冰草基因枪转化植物表达载体结构图

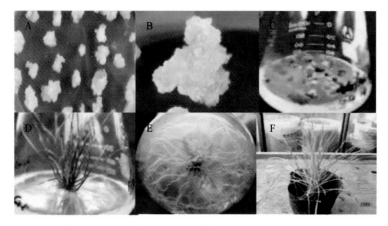

A—愈伤组织经基因枪轰击后在诱导筛选培养基中；B—在分筛选化培养基中将要分化的愈伤组织；C—愈伤分化出绿芽；D—转化后的再生小植株；E—再生小植株的生根情况；F—移栽后的植株生长情况。

图 4-2　冰草成熟胚愈伤组织基因枪转化组培再生过程

A—愈伤组织经基因枪轰击后在诱导筛选培养基中；B—在分筛选化培养基中将要分化的愈伤组织；C—愈伤分化出绿芽；D—转化后的再生小植株；E—再生小植株的生根情况；F—移栽后的植株生长情况。

图 4-3　冰草幼穗愈伤组织基因枪转化组培再生过程